"十四五"普通高等学校规划教材

计算机基础实训教程

主　编　黄锋华
副主编　刘艳红　车秀梅　郝王丽　冯灵清

U0172286

中国铁道出版社有限公司
CHINA RAILWAY PUBLISHING HOUSE CO., LTD.

内 容 简 介

本书是一本独立的实训教材，全书设有 12 个实训内容，分别为中文版 Windows 7 基本操作、Word 2016 文档格式化、Word 2016 表格制作与图文混排、Excel 2016 基本操作、Excel 2016 数据处理与分析、PowerPoint 2016 演示文稿设计与制作、Visio 2016 图形绘制、Access 2016 数据库基础应用、Photoshop CC 贺卡制作、Photoshop CC 照片处理、Adobe Audition CS6 音频编辑与 Adobe Premiere Pro CS4 视频制作、计算机网络基础应用。

本书内容通俗易懂，注重实用性与科学性。每个实训从实训目的、实训准备、实训内容、实训要求、实训步骤、实训延伸六个方面按照循序渐进的原则，引领学生掌握实训内容与操作技巧。通过有目的、有准备、有任务、有要求、有步骤、有拓展、有提升的层次结构设计，使学生轻松地完成各个实训任务，提高操作技能。

本书适合作为普通高等学校非计算机专业大学计算机基础课程的实验或实训教材。

图书在版编目（CIP）数据

计算机基础实训教程 / 黄锋华主编 . —北京：中国铁道出版社
有限公司 , 2021.9（2022.7 重印）
"十四五"普通高等学校规划教材
ISBN 978-7-113-28340-7

I. ①计⋯ II. ①黄⋯ III. ①电子计算机 – 高等学校 – 教材
IV . ① TP3

中国版本图书馆 CIP 数据核字（2021）第 176513 号

书　　名：计算机基础实训教程
作　　者：黄锋华

策　　划：侯　伟　王春霞　　　　　　　　编辑部电话：（010）63551006
责任编辑：王春霞　徐盼欣
封面设计：付　巍
封面制作：刘　颖
责任校对：焦桂荣
责任印制：樊启鹏

出版发行：中国铁道出版社有限公司（100054，北京市西城区右安门西街 8 号）
网　　址：http://www.tdpress.com/51eds/
印　　刷：三河市宏盛印务有限公司
版　　次：2021 年 9 月第 1 版　2022 年 7 月第 3 次印刷
开　　本：850 mm×1 168 mm　1/16　印张：15.25　字数：368 千字
书　　号：ISBN 978-7-113-28340-7
定　　价：42.00 元

前 言

当今，以计算机技术为核心的信息技术飞速发展，计算机技术在各行各业的应用日渐深入，人们的生活、工作与计算机技术密不可分。具有较高的信息素养、熟练的操作技能、较强的计算思维能力和创新应用能力已是适应新时代社会发展、更好地胜任本职工作的必备条件。

本书为"十四五"普通高等学校规划教材，适合作为普通高等学校非计算机专业大学计算机基础课程的实验或实训教材。全书共有 12 个实训，分别为中文版 Windows 7 基本操作、Word 2016 文档格式化、Word 2016 表格制作与图文混排、Excel 2016 基本操作、Excel 2016 数据处理与分析、PowerPoint 2016 演示文稿设计与制作、Visio 2016 图形绘制、Access 2016 数据库基础应用、Photoshop CC 贺卡制作、Photoshop CC 照片处理、Adobe Audition CS6 音频编辑与 Adobe Premiere Pro CS4 视频制作、计算机网络基础应用。本书部分习题参考答案可通过扫描二维码获取。

本书注重培养学生的信息素养，以启蒙学生计算思维能力为导向，培养学生计算机操作技能的熟练度，以及主动发现问题、分析问题、解决问题和沟通协作的能力。依据重点突出、案例教学的理念，本书的实训案例精心设计，每个实训都有明确的实训目的、精要的实训准备、简要直观的实训内容样张、简明扼要的实训要求、详细的实训步骤和开拓视野的实训延伸六个模块，实训后均有习题，以提高学生的操作技能。

本书编者长期从事计算机基础教学工作，具有丰富的教学经验，部分编写内容直接取自于教学讲义或教学案例。本书主要由山西农业大学一线教师编写，由黄锋华任主编，刘艳红、车秀梅、郝王丽、冯灵清任副主编，其中实训一由杨艳编写，实训二由郝王丽编写，实训三由黄锋华编写，实训四由郭新东编写，实训五由刘艳红编写，实训六由车秀梅编写，实训七由李艳文编写，实训八由梁长梅编写，实训九、实训十由冯灵清编写，实训十一由苗荣慧编写，实训十二由侯斐编写。全书由黄锋华统稿定稿。

在本书的编写过程中，得到了许多同志的大力支持和热情帮助，其中全国高等院校计算机基础教育研究会与中国铁道出版社有限公司给予立项支持（2020-AFCEC-069、2020-AFCEC-070、2021-AFCEC-066、2021-AFCEC-067），山西省教学改革创新项目（J2020085）、山西省教育科学"十三五"规划课题（HLW-20022）与山西农业大学教学改革项目（YB-202029）均给予立项支持，在此表示衷心的感谢！同时，编者参阅了大量的"大学计算机基础"书籍和网上资源，在此，对其作者一并表示衷心的感谢。

由于编写时间仓促，编者水平有限，书中难免存在疏漏或不妥之处，恳请读者提出宝贵意见，我们将不断改进与完善。

编　者

2021 年 6 月

目 录

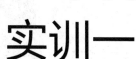

实训一

中文版 Windows 7 基本操作

一、实训目的

（1）学会操作系统信息的查看和桌面主题的设置。

（2）掌握鼠标、窗口、菜单的操作及其使用技巧。

（3）掌握任务栏、"开始"菜单的设置及任务切换功能。

（4）掌握快捷方式的创建与使用。

（5）掌握资源管理器的使用。

（6）掌握文件的查找，文件和文件夹的创建、移动、复制、删除、重命名等操作。

（7）学会使用"控制面板"调整计算机的设置。

二、实训准备

Windows 7 是由微软公司开发的操作系统，可供家庭及商业工作环境、笔记本电脑、平板电脑、多媒体中心等使用。相较于之前版本，Windows 7 操作系统在用户界面、应用程序和功能、安全、网络、管理性等方面做出了大幅度的改善。

1．Windows 7 的启动与退出

（1）启动 Windows 7。

① 依次打开计算机外围设备的电源开关和主机电源开关。

② 计算机执行硬件测试，测试无误后即开始系统引导。

③ 单击要登录的用户名，输入用户密码，然后继续完成启动，出现 Windows 7 系统桌面。

（2）退出 Windows 7。

① 保存所有应用程序的处理结果，关闭所有运行的应用程序。

② 单击"开始"菜单，单击最底部靠右的"关机"按钮，将出现"关闭所有打开的程序，关闭 Windows，关闭计算机"的提示信息，然后关闭系统及计算机。

③ 单击"关机"按钮右侧三角按钮，弹出"关机选项"菜单，选择相应的选项，可完成"切换用户""注销""锁定""重启""睡眠"等操作。

2．Windows 7 的桌面组成

Windows 7 桌面由桌面图标、桌面背景和任务栏等组成，如图 1-1 所示。

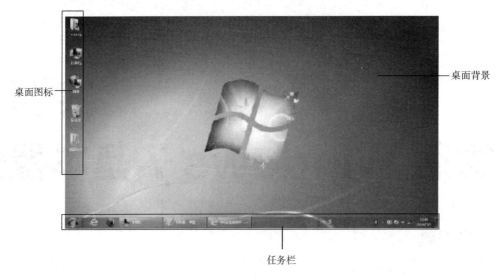

图 1-1　桌面组成

Windows 7 任务栏组成如图 1-2 所示。

图 1-2　任务栏组成

3．Windows 7 的窗口

打开文件夹、库，或运行一个程序、打开一个文档，都会在桌面上打开一个与之相对应的窗口，窗口的各个不同部分可帮助用户更轻松方便地使用文件、文件夹和库。图 1-3 以"计算机"的资源管理器窗口为例标识出了窗口各部分的组成。

4．Windows 7 文件和文件夹管理

（1）文件。

文件是数据在计算机中的组织形式，无论是程序、文章、声音、视频，还是图像，最终都是以文件形式存储在计算机的存储介质（如硬盘、光盘、U 盘等）上的。Windows 中的任何文件都是用图标和文件名来标识的。文件名由主文件名和扩展名两部分组成，中间由"."分隔，如图 1-4 所示。

主文件名最多可以由 255 个英文字符或 127 个中文字符组成，也可混合使用字符、汉字、数字和空格。但是，文件名中不能含有"/"、"\"、":"、"<"、">"、"?"、"*"、""""、"|"字符。扩展名决定了文件的类型，也决定了使用什么程序来打开文件，常说的文件格式指的就是文件的扩展名。需要注意的是，

在 Windows 下无法以设备名来命名文件或文件夹，如 aux、com1、com2、prn、con、nul 等，它们是 Windows 操作系统定义的设备名称，是保留关键字，不允许使用。

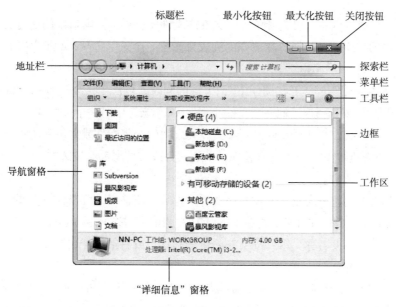

图 1-3　窗口组成

（2）文件夹。

在现实生活中，为了便于管理各种文件，一般会对它们进行分类，并放在不同的文件夹中。Windows 用文件夹来分类管理计算机中的文件，文件夹是用文件夹名和文件夹图标来标识的，文件夹的形式如图 1-5 所示。

图 1-4　文件名组成　　　　　　　　　　　　　图 1-5　文件夹的形式

文件夹还可以存储其他文件夹。文件夹中包含的文件夹通常称为"子文件夹"，每个子文件夹中又可以容纳其他文件和其他子文件夹。

（3）文件与文件夹的管理。

资源管理器用来管理计算机中的所有文件、文件夹等资源。Windows 7 资源管理器的功能十分强大，右击"开始"按钮，在弹出的快捷菜单中选择"打开 Windows 资源管理器"命令，或双击桌面上的"计算机"图标、"网络"图标等，都可打开资源管理器。

① 新建文件或文件夹。

通常情况下，用户可利用文档编辑程序、图像处理程序等应用程序创建文件。此外，也可以直接在 Windows 7 中创建某种类型的空白文件，或者创建文件夹来分类管理文件。在要创建文件或文件夹的磁盘窗口处单击"新建文件夹"按钮，输入文件夹名称，即可创建文件夹。进入文件夹后右击，在弹出的快捷菜单中选择"新建"命令实现文件或文件夹的创建。

②选择文件或文件夹。

要选择单个文件或文件夹，可直接单击该文件或文件夹。要选择窗口中的所有文件或文件夹，可单击窗口工具栏中的"组织"按钮，在展开的列表中选择"全选"选项，或直接按【Ctrl+A】组合键实现全选。

要选择多个文件或文件夹，可在按住【Ctrl】键的同时，依次单击要选择的文件或文件夹，选择完毕释放【Ctrl】键即可。要选择连续的多个文件或文件夹，单击选中第一个文件或文件夹后，按住【Shift】键单击其他文件或文件夹，则两个文件或两个文件夹之间的全部文件或文件夹均被选中。按住鼠标左键不放，拖动出一个矩形选框，这时在选框内的所有文件或文件夹都会被选中。

③重命名文件或文件夹。

当用户在计算机中创建了大量文件或文件夹时，为了方便管理，可以根据需要对文件或文件夹重命名。选择要重命名的文件或文件夹，再单击窗口中的"组织"按钮，在展开的列表中选择"重命名"选项，直接输入新的文件夹名称，然后按【Enter】键确认，或右击打开快捷菜单，选择"重命名"命令实现文件或文件夹的重命名。

命名文件和文件夹时，要注意在同一个文件夹中不能有两个名称相同的文件或文件夹，还要注意不要修改文件的扩展名。如果文件已经被打开或正在被使用，则不能被重命名；不要对系统中自带的文件或文件夹，以及其他程序安装时所创建的文件或文件夹重命名，以免引起系统或其他程序的运行错误。

④移动与复制文件或文件夹。

移动文件或文件夹是指调整文件或文件夹的存放位置；复制是指为文件或文件夹在另一个位置创建副本，原位置的文件或文件夹依然存在。

移动文件或文件夹：选中文件或文件夹，按【Ctrl+X】（剪切）组合键，或单击工具栏中的"组织"按钮，在展开的列表中选择"剪切"选项，选择放置位置后按【Ctrl+V】（粘贴）组合键，或单击工具栏中的"组织"按钮，在展开的列表中选择"粘贴"选项即可。

复制文件或文件夹：选中文件或文件夹，然后按【Ctrl+C】（复制）组合键，或单击工具栏中的"组织"按钮，在展开的列表中选择"复制"选项，选择放置位置后按【Ctrl+V】（粘贴）组合键，或单击工具栏中的"组织"按钮，在展开的列表中选择"粘贴"选项即可。

在移动或复制文件或文件夹时，如果目标位置有类型相同并且名称相同的文件或文件夹，系统会打开一个提示对话框，用户可根据需要选择覆盖同名文件或文件夹、不移动文件或文件夹，或是保留两个文件或文件夹。

⑤删除文件或文件夹。

在使用计算机的过程中应及时删除计算机中已经没有用的文件或文件夹，以节省磁盘空间。选中需要删除的文件或文件夹，按【Delete】键，或在工具栏的"组织"按钮列表中选择"删除"选项，在打开的提示对话框中单击"是"按钮即可。删除大文件时，可将其不经过回收站而直接从硬盘中删除。方法是选中要删除的文件或文件夹，按【Shift+Delete】组合键，然后在打开的确认提示框中确认即可。

⑥ 使用回收站。

回收站用于临时保存从磁盘中删除的文件或文件夹，当用户对文件或文件夹进行删除操作后，默认情况下，它们并没有从计算机中直接删除，而是保存在回收站中，对于误删除的文件，可以随时将其从回收站恢复。对于确认没有价值的文件或文件夹，再从回收站中删除。

选中文件或文件夹后单击工具栏中的"还原此项目"按钮，可将文件或文件夹还原到删除之前的位置。

如果不选中任何文件或文件夹，然后单击窗口工具栏中的"还原所有项目"按钮，可将回收站中的所有文件和文件夹恢复到删除前的位置；若选中的是多个文件或文件夹，则可单击"还原选定项目"按钮恢复所选项目。

单击工具栏中的"清空回收站"按钮，或右击桌面上的回收站图标，在弹出的快捷菜单中选择"清空回收站"命令，然后在打开的提示对话框中单击"是"按钮，即可清空回收站。

⑦ 搜索文件或文件夹。

随着计算机中文件和文件夹的增加，以及文件组织管理的方式不同，查找文件可能意味着浏览数百个文件和子文件夹，为了省时省力快速找到所需内容，用户可以利用 Windows 7 搜索功能来查找计算机中的文件或文件夹。打开资源管理器窗口，可在窗口的右上角看到"搜索计算机"编辑框，在其中输入要查找的文件或文件名称，表示在所有磁盘中搜索名称中包含所输入文本的文件或文件夹，此时系统自动开始搜索，等待一段时间即可显示搜索的结果。对于搜到的文件或文件夹，用户可对其进行复制、移动、查看和打开等操作。

如果用户知道要查找的文件或文件夹的大致存放位置，可在资源管理器中首先打开该磁盘或文件夹窗口，然后再输入关键字进行搜索，以缩小搜索范围，提高搜索效率。如果不知道文件或文件夹的全名，可只输入部分文件名；还可以使用通配符"?"和"*"，其中"?"代表任意一个字符，"*"代表多个任意字符。

⑧ 使用 Windows 7 的库。

在以前版本的 Windows 中，文件管理的主要形式是以用户的个人意愿，用文件夹的形式作为基础分类进行存放，然后再按照文件类型进行细化。但随着文件数量和种类的增多，加上用户行为的不确定性，原有的文件管理方式往往会造成文件存储混乱、重复文件多等情况，已经无法满足用户的实际需求。

而在 Windows 7 中，由于引进了"库"，文件管理更方便，可以把本地或局域网中的文件添加到"库"，把文件收藏起来。简单地讲，文件库可以将需要的文件和文件夹统统集中到一起，就如同网页收藏夹一样，只要单击库中的链接，就能快速打开添加到库中的文件夹而不管它们原来存储位置如何。另外，它们都会随着原始文件夹的变化而自动更新，并且可以以同名的形式存在于文件库中。

利用 Windows 7 的库可以对计算机中的文件和文件夹进行集中管理。用户可以新建多个库，并将常用的文件夹添加到相应的库中，以方便快速找到和管理这些文件夹中的文件。

添加到库中的文件夹只是原始文件夹的一个链接，不占任何磁盘空间。当删除某个库时，文件夹并没有被真正删除，在原位置依然存在。但对添加到库中的文件夹或文件夹中的文件进行的任何管理操作，如复制、移动和删除等，都将直接反映到原始位置的文件夹中。

在资源管理器中单击导航窗格中的"库"项目，打开资源管理器的"库"界面，从中可看到系统默认提供了"文档""音乐""图片""视频"四个库，双击某个库，可看到已添加到其中的文件夹或文件。

在一个库中可以添加多个文件夹，单击某一选项，可在打开的对话框中查看添加的文件夹的原始位置。

向库中添加文件：打开库属性对话框，单击"包含文件夹"按钮，选择要添加到库中的文件夹后单击"包含文件"按钮，最后确定即可。

5. Windows 7 操作系统的个性化设置

Windows 7 操作系统拥有丰富的主题，界面更加友好，其个性化设置主要包括主题设置、桌面图标设置、任务栏和"开始"菜单设置等。用户可以通过"控制面板"→"个性化"来打开个性化设置窗口，也可通过右击桌面的空白处并在弹出的快捷菜单中选择"个性化"命令来打开。

（1）主题设置。

在 Windows 7 中，可设置的桌面主题有我的主题、Aero 主题（包括 Windows 7、建筑、人物、风景、自然、场景、中国）、基本和高对比度主题。需要注意的是，不同品牌计算机预装系统时带的主题不一样。主题可从微软下载，方法为右击桌面空白处，在弹出的快捷菜单中选择"个性化"命令，打开"个性化"窗口，在"我的主题"一栏的靠右下方的位置处单击"联机获取更多主题"，打开微软关于桌面主题的链接，根据自己需要选择相应主题下载打开即可使用，按照此方法用户可以根据需要定制自己的主题。

Windows 7 的桌面中采用了最新的 Aero 特效，Aero 特效是桌面透明毛玻璃的显示效果，带有精致的窗口动画和窗口颜色，并具有窗口透视功能（Aero Peek）、晃动功能（Aero Shake）、窗口吸附功能（Aero Snap）。

① Aero Peek。将鼠标指针悬停在任务栏程序图标上，Aero Peek 功能可以让用户预览打开程序窗口。可以通过单击预览缩略图打开程序窗口，或通过缩略图右上角的"关闭"按钮关闭程序。

② Aero Shake。在 Windows 7 中打开多个窗口的时候，可以选择其中一个窗口，按下鼠标左键，接着晃动窗口，其他窗口就会全部最小化到任务栏中，桌面上只保留该选定窗口；如果继续晃动选定的窗口，那么那些最小化的窗口将会被还原。

③ Aero Snap。Aero Snap 功能可以自动调整程序窗口的大小。拖动窗口到屏幕顶部可以最大化窗口；拖动窗口到屏幕一侧可以半屏显示窗口，如果再拖动其他窗口到屏幕另一侧，那么两个窗口将并排显示。从屏幕边缘拉出窗口，窗口将恢复到原来状态。

④ Windows Flip 3D。Windows Flip 3D 是 Windows Aero 体验的一部分，是切换程序时的一种 3D 效果，按【Ctrl+ 🍇 +Tab】组合键可以打开 Windows Flip 3D，按【Tab】键可以循环切换窗口。用户通过 Windows Flip 3D 可以快速预览所有打开的窗口而无须单击任务栏，而且让窗口以 3D 形式层叠出现在屏幕上，周围的整体颜色变暗，从而起到突出用户当前使用窗口的绚丽效果，在窗口打开较多时，能快速切换到目标位置。

（2）桌面图标设置。

Windows 7 操作系统安装完成后，默认情况下，桌面上仅有一个"回收站"图标。如果想显示"计算机""网络""用户的文件"等桌面图标，则在个性化设置窗口选择"更改桌面图标"，在打开的"桌面图标设置"对话框中选中欲显示的图标，如计算机、网络等，单击"确定"按钮即可，如图 1-6 所示。

（3）任务栏和"开始"菜单设置。

用户可以通过设置"任务栏和【开始】菜单属性"使 Windows 7 操作系统使用起来更加方便。"任务栏和【开始】菜单属性"对话框（见图 1-7）可以通过以下方式打开：

① 依次单击"开始"→"控制面板"→"任务栏和【开始】菜单"。

② 在"个性化"窗口中单击"任务栏和【开始】菜单"。

③ 右击任务栏，选择"属性"命令。

图 1-6 "桌面图标设置"对话框

图 1-7 "任务栏和【开始】菜单属性"对话框

三、实训内容

（1）练习"附件"下小程序（画图、记事本）的使用及其快捷方式的创建，并对窗口进行管理。

（2）对计算机进行个性化设置，设置主题、桌面背景、窗口颜色、任务栏等。

（3）在 D 盘下创建文件夹，通过移动、复制、删除、重命名等方式实现文件及文件夹的管理。

四、实训要求

（1）查看"所有程序"→"附件"中"画图""记事本"的属性，在桌面上创建"画图""记事本"的快捷方式，并将二者打开。从任务栏激活"画图"窗口，完成下列操作：

① 向下移动窗口，最大化窗口。

② 缩小窗口直至出现水平和垂直滚动条。

③ 双击窗口标题栏，拖动标题栏到桌面的左边界、上边界，观察窗口大小的变化。

④ 在桌面上同时打开多个窗口，晃动选定窗口的标题栏，观察桌面上所有窗口的变化。

⑤ 通过快捷键，不单击任务栏，快速预览所有打开的窗口（例如，打开的应用程序、文件夹和文档），并通过该方式切换至"记事本"窗口。

（2）对计算机进行如下设置：

① 查看实验用计算机操作系统的版本、处理器型号、内存大小、计算机名称；卸载计算机中安装的 QQ 应用程序。

② 选用"建筑"主题中的全部图片，设置以 10 s 间隔按"无序播放"的方式更换图片，并以"建

筑风格"为主题名保存在"我的主题"中,更改窗口颜色为"巧克力色";设置内容为 Hello World 的三维文字屏幕保护程序,屏幕保护等待时间为 5 min。

③ 设置任务栏为"自动隐藏",在通知区域中不显示时钟,任务栏外观使用"小图标",任务栏按钮使用"始终合并、隐藏标签"。

(3)在 Windows 资源管理器中打开 D 盘,在 D 盘下创建以"学生姓名学号"命名的文件夹,如"张三 01",并在该文件夹下创建文件名为 MyFiles 的二级文件夹,并进行以下操作:

① 打开 C:\Windows,搜索扩展名为 .txt 的文本文件,任选三个,将其复制到 MyFiles 文件夹中。

② MyFiles 文件夹中的一个文件移动到其子文件夹 test1 中。

③ 在 test1 文件夹中创建名为 demo.txt 的文本文件,并且输入以下内容:"业精于勤荒于嬉"。

④ 删除文件夹 test1,然后再将其恢复。

⑤ 对文件夹进行设置,使其能显示(或隐藏)所有文件以及文件的扩展名。

⑥ 搜索 C:\windows\System32 文件夹及其子文件夹下所有文件名第一个字母为 a、文件大小为"小(10~100 KB)"且扩展名为 .dll 的文件,并将它们复制到"D:\ 张三 01\MyFiles\"中。

⑦ 将 MyFiles 设置为"只读"属性,并在此文件夹下新建指向"C 盘"的快捷方式,名称为"本地磁盘 (C)"。

⑧ 将 MyFiles 文件夹添加为压缩文件"我的文件 .rar"。

五、实训步骤

(1)单击桌面左下角的"开始"按钮,打开"所有程序"→"附件",找到"画图",右击并选择"属性"→"打开文件位置",可查看 mspaint.exe(画图的文件名)文件的路径,如图 1-8 所示的"目标: C:\Windows\System32\mspaint.exe",并按照以下步骤进行快捷方式的创建。

方法一:右击桌面空白处,在弹出的快捷菜单中选择"新建"→"快捷方式"命令,打开"创建快捷方式"对话框,在"请键入项目的位置"文本框中,输入 mspaint.exe 文件的路径"C:\Windows\System32\mspaint.exe"(或通过"浏览"选择更改路径),单击"下一步"按钮,在"键入该快捷方式的名称"文本框中,输入"画图",再单击"完成"按钮即可。

方法二:在资源管理器窗口中选定文件 C:\windows\system32\mspaint.exe,按住鼠标右键拖动该文件至桌面,在释放鼠标右键的同时弹出一个快捷菜单,从中选择"在当前位置创建快捷方式"命令;右击所建快捷方式图标,选择"重命名"命令,将快捷方式名称改为"画图"。

图 1-8　画图属性窗口

"记事本"快捷方式的创建方法和"画图"快捷方式的创建方法相同,单击桌面左下角的"开始"按钮,打开"所有程序"→"附件",找到"记事本",右击,在弹出的快捷菜单中选择"属性"→"打开文件位置"命令,可查看 notepad.exe(记事本的文件名)文件的路径,并参考上面"方法一"或"方法二"的步骤进行快捷方式的创建。

① 按住鼠标左键拖动所选窗口的标题栏可向下移动窗口；双击标题栏或单击"最大化"按钮可以使窗口最大化。

② 如果要缩小的窗口正处于最大化状态，则双击标题栏或单击"向下还原"按钮使得窗口退出最大化状态，将鼠标指针置于窗口边框线或对角处，则鼠标指针会由 ↳ 变为↔、↕、↖、↘，分别表示"水平调整""垂直调整""沿对角线调整 1""沿对角线调整 2"，然后拖动鼠标调整窗口大小，直至出现水平和垂直滚动条。

③ 窗口移动到屏幕边缘时会自动排列窗口，拖动窗口到屏幕的左边界，窗口自动占满屏幕的左半边；拖动窗口到屏幕的右边界，窗口自动占满屏幕的右半边；将窗口拖到屏幕顶部，窗口会最大化。

④ 在桌面上同时打开多个窗口，晃动选定的窗口，则其他窗口会全部最小化，桌面上只保留该选定窗口。

⑤ 快速预览所有打开的窗口可按【Ctrl+ 🪟 +Tab】组合键，打开的窗口切换效果为 Windows Flip 3D 效果，如图 1-9 所示，然后可以按【Tab】键循环切换窗口，也可以按【→】键或【↓】键向前循环切换一个窗口，或者按【←】键或【↑】键向后循环切换一个窗口，按【Esc】键可关闭 Windows Flip 3D 效果。

图 1-9 Windows Flip 3D 窗口

（2）对计算机进行如下设置：

① 右击桌面上的"计算机"图标，在弹出的快捷菜单中选择"属性"命令，则会打开"系统"窗口，该窗口显示了计算机安装的操作系统版本以及处理器型号、内存大小、计算机名称，如图 1-10 所示。在 1-10 所示窗口中选择"控制面板主页"，在打开的"所有控制面板项"中选择"程序和功能"，在弹出的窗口中选择"腾讯 QQ"后右击并选择"卸载"命令。

② 在桌面任意空白位置右击，在弹出的快捷菜单中选择"个性化"命令，打开"个性化"窗口。

设置桌面主题：选择桌面主题为 Aero 风格的"建筑"，观察桌面主题的变化。然后单击"保存主题"，保存该主题为"建筑风格"，如图 1-11 所示。

图 1-10　查看操作系统版本和处理器信息

图 1-11　"个性化"窗口

设置窗口颜色：单击图 1-11 下方的"窗口颜色"，打开图 1-12 所示"窗口颜色和外观"窗口，选择一种窗口的颜色，如"巧克力色"，观察桌面窗口边框颜色由原来的"黄昏"变为"巧克力色"，最后单击"保存修改"按钮。

设置桌面背景：单击图 1-11 中的"桌面背景"，设置为幻灯片放映，时间间隔为 10 s，无序播放，如图 1-13 所示。

图 1-12　"窗口颜色和外观"窗口　　　　　图 1-13　"桌面背景"窗口

设置屏幕保护程序：单击图 1-11 中的"屏幕保护程序"，打开"屏幕保护程序设置"对话框，如图 1-14 所示，如果要为屏幕保护设置密码，则选中"在恢复时显示登录屏幕"复选框；在"屏幕保护程序"下拉列表框中选择"三维文字"，在"等待"微调框中选择"5 分钟"，然后单击"设置"按钮。在图 1-15 所示对话框的"自定义文字"文本框中输入 Hello World，然后单击"选择字体"按钮，选择需要的字体。

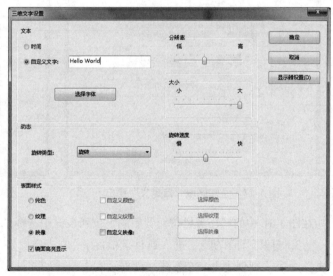

图 1-14　设置屏幕保护程序　　　　　图 1-15　设置文字格式

③ 设置任务栏为"自动隐藏"，在通知区域中不显示时钟，任务栏外观使用"小图标"，任务栏按钮使用"始终合并、隐藏标签"。

右击任务栏的空白处，在弹出的快捷菜单中选择"属性"命令，打开"任务栏和【开始】菜单属性"对话框，如图 1-16 所示，选中"自动隐藏任务栏"和"使用小图标"复选框。

图 1-16 "任务栏和 [开始] 菜单属性"对话框

单击通知区域"自定义"，打开图 1-17 所示窗口，单击"打开或关闭系统图标"，在打开的窗口中选择时钟的行为为"关闭"，即可在消息区域不显示时钟，如图 1-18 所示。

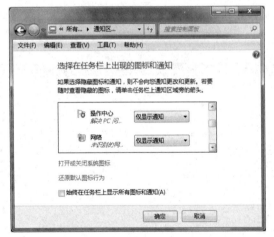

图 1-17 通知区域"自定义"窗口

图 1-18 "打开或关闭系统图标"窗口

在图 1-16 中的"任务栏按钮"后的下拉列表框中选择"始终合并、隐藏标签"。

（3）打开"计算机"，进入到 D 盘根目录，右击空白处，在弹出的快捷菜单中选择"新建"→"文件夹"命令，则创建出一个新建文件夹。右击新建的文件夹，选择"重命名"命令，将新建文件夹名更改为"学生姓名学号"，如"张三 01"。双击进入该文件夹，以同样的方式创建一个名为 MyFiles 的文件夹。

① 进入 C:\Windows\ 下，在右上角的位置输入"*.txt"，搜索扩展名为 .txt 的文本文件，其中"*"为通配符，表示任意字符串，如图 1-19 所示。

图 1-19　搜索窗口

在搜索出来的文件中任选三个，可以拖动鼠标左键选择三个连续文件，或选择三个不连续的文件。选择好以后，在所选文件处右击，选择"复制"命令，或按【Ctrl+C】组合键进行复制。复制完成后，再进入到"D:\ 张三 01\MyFiles\"，右击并选择"粘贴"命令，或按【Ctrl+V】组合键进行粘贴，该过程完成后，则所选的三个文件就被复制到了 MyFiles 文件夹中。

② 在 MyFiles 文件夹中新建一个文件夹 test1，选择 MyFiles 文件夹的任意一个 .txt 文件，在所选文件处右击并选择"剪切"命令，或按【Ctrl+X】组合键进行剪切，然后进入到 test1，右击并选择"粘贴"命令，或按【Ctrl+V】组合键进行粘贴，则将 MyFiles 文件夹中的一个文件移动到其子文件夹 test1 中。

③ 在 test1 文件夹中，右击空白处，在弹出的快捷菜单中选择"新建"→"文本文档"命令，则创建出一个文本文档，将该文档重命名为"demo.txt"，双击打开，输入以下内容："业精于勤荒于嬉"。

④ 在 MyFiles 文件夹中，选择 test1，右击，在弹出的快捷菜单中选择"删除"命令，即可将 test1 删除。双击打开桌面上的"回收站"窗口，找到上一步删除的 test1，在其上右击并选择"还原"命令，则可将删除的 test1 恢复到原来的位置。

⑤ 打开 Windows 资源管理器，右击桌面左下角"开始"按钮，在出现的菜单中选择"打开 Windows 资源管理器"命令；或选择"开始"菜单中的"所有程序"→"附件"→"Windows 资源管理器"命令。在打开的资源管理器窗口中选择"工具"→"文件夹选项"命令，打开对话框如图 1-20 所示，选择"查看"选项卡，选中"隐藏已知文件类型的扩展名"复选框，即可隐藏所有文件的扩展名，如隐藏"demo.txt"的扩展名 .txt，隐藏后实际显示为 demo；如果单击复选框中的"√"，取消选中该复选框，则会显示完整的文件名。

⑥ 打开 Windows 资源管理器，进入到 C:\windows\System32\，在打开窗口右上角的搜索框位置单击，选择"大小"为"小（10 ～ 100 KB）"，在搜索框处的"大小：小"后输入"a*.dll"，从窗口位置搜索出的文件中找到 avicap.dll，将该文件选中，在所选文件处右击并选择"复制"命令，或按【Ctrl+C】组合键进行复制。复制完成后，再进入到"D:\ 张三 01\MyFiles\"，右击并选择"粘贴"命令。

⑦ 右击 MyFiles 文件夹，在弹出的快捷菜单中选择"属性"命令，即可打开属性对话框，如图 1-21 所示，选择 "只读"复选框即可。

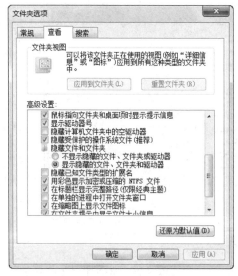

图 1-20　"文件夹选项"对话框

图 1-21　文件夹属性对话框

双击 MyFiles 文件夹，在窗口空白处右击，在弹出的快捷菜单中选择"新建"→"快捷方式"命令，打开"创建快捷方式"对话框，在"请键入项目的位置"文本框中，输入"C:\"（或通过"浏览"选择该路径），单击"下一步"按钮，在"键入该快捷方式的名称"文本框中，输入"本地磁盘 (C)"，再单击"完成"按钮即可。

⑧ 右击 MyFiles 文件夹，在弹出的快捷菜单中选择"添加到压缩文件"命令，弹出"压缩文件名和参数"对话框，默认的压缩文件名为"MyFiles.rar"，按要求将压缩文件名改为"我的文件 .rar"，然后单击"确定"按钮，如图 1-22 所示。

图 1-22　"压缩文件名和参数"对话框

六、实训延伸

1. 计算机的诞生与发展

世界上第一台通用计算机 ENIAC（Electronic Numerical Integrator And Computer，电子数字积分计算机）于 1946 年 2 月诞生于美国宾夕法尼亚大学，美国国防部用它来进行炮弹弹道参数的计算。

第二次世界大战期间，敌对双方都使用飞机和火炮来轰炸对方军事目标，为了提高射出去的炮弹的命中率，必须精确计算并绘制出关于弹道轨迹的"射击图表"，经过查表确定炮口的角度，才能使射出去的炮弹正中飞行目标。但是，射击图表中的弹道轨迹问题涉及大量复杂的计算，十几个人用手摇机械计算机算几个月，才能完成一份"图表"。在"时间就是胜利"的战争年代，仅凭借人为的手工计算已经远远不能满足需求。

为了改变这种不利的状况，美国宾夕法尼亚大学莫尔电机工程学院的莫克利（John W. Mauchly）和艾克特（J. Presper Eckert）于 1942 年提出了把电子管作为 "电子开关" 来提高计算机运算速度的初始设想，于是在美国军方的资助下，ENIAC 于 1943 年开始研制，并于 1946 年完成。在当时，它的功能出类拔萃，运算速度为 5 000 次 / 秒加法运算、400 次 / 秒乘法运算。它还能进行平方和立方运算，能计算正弦和余弦等三角函数的值以及其他一些更复杂的运算。原来需要 20 多分钟才能计算出来的一条弹道，ENIAC 只需要短短的 30 s，这有效地缓解了当时计算速度大大落后于实际需求的问题。

ENIAC 也存在明显的缺点，它占地面积约 170 m^2，重达 30 t，功率为 150 kW，造价为 48 万美元。它包含了 18 000 多只电子管，70 000 个电阻器，10 000 个电容器，1 500 个继电器，6 000 多个开关，运行时耗电量很大，且由机器运行产生的高热量很容易使电子管损坏。只要有一个电子管损坏，整台机器就不能正常运转，于是就得先从这 1.8 万多个电子管中找出那个损坏的，再换上新的，这一过程是非常消耗时间的，很大程度上抵消了 ENIAC 所提高的机器的计算速度。它的存储容量很小，只能存 20 个字长为 10 位的十进制数；另外，它采用线路连接的方法来编排程序，因此每次解题都要靠人工改接连线，准备时间大大超过了实际计算时间。

虽然 ENIAC 体积庞大、性能不佳，但它的研制成功为以后计算机科学的发展奠定了基础，标志着电子计算机时代的到来。而每克服它的一个缺点，都对计算机的发展带来很大的影响，其中影响最大的是 "程序存储方式" 的采用和在电子计算机中采用二进制编码来表示程序和数据。它是由美国数学家冯·诺依曼（John von Neumann）提出的 "关于 EDVAC 的报告草案" 中的设计思想。该草案明确指出了新机器离散变量自动电子计算机（Electronic Discrete Variable Automatic Computer，EDVAC）采用二进制编码来表示程序和数据，由运算器、控制器、存储器、输入设备和输出设备五个部分组成，并且采用二进制编码，这种体系结构就是著名的 "冯·诺依曼结构"。从计算机诞生之日到当前最先进的计算机，几乎全部都采用的是冯·诺依曼体系结构。冯·诺依曼被认为是当之无愧的数字计算机之父。

从 ENIAC 诞生到现在，计算机技术以惊人的速度发展着，主要经历了表 1-1 所示的几个阶段。

表 1-1 计算机的发展阶段表

阶 段	时 间	电子器件	内 存	外 存	处理速度（指令数 / 秒）
第一代	1946—1955 年	电子管	汞延迟线	穿孔卡片、纸带	几千条
第二代	1956—1963 年	晶体管	磁芯存储器	磁带	几百万条
第三代	1964—1970 年	中、小规模集成电路	半导体存储器	磁带、磁盘	几千万条
第四代	1971 年至今	大规模、超大规模集成电路	半导体存储器	磁盘等大容量存储器	数亿条以上

当前正在研发的新一代计算机也称第五代计算机，属于人工智能计算机，本身具有学习机理，可以模拟人的意识、思维过程。

2．计算机中信息的表示与存储

计算机中处理的数据分为数值数据和非数值数据（如字母、汉字和图形），无论什么类型的数据，在计算机内部都是以二进制的形式存储和运算的。

计算机常用的数据单位有位、字节、字。

位（又称比特）是计算机内部储存数据的最小单位，表示一个二进制信息。例如，数据 110 表示一共有三位二进制位。

字节（B）是计算机中数据处理的基本单位，一个字节由八个二进制位构成，也即：

1 B=8 bit

计算机的存储器通常也是以多少字节来表示它的容量。通常的单位有千字节（KB）、兆字节（MB）、吉字节（GB）、太字节（TB）、拍字节（PB）。

1 KB=2^{10} B=1 024 B

1 MB=2^{10} KB=2^{20} B=1 024 KB

1 GB=2^{10} MB=2^{30} B=1 024 MB

1 TB=2^{10} GB=2^{40} B=1 024 GB

1 PB=2^{10} TB=2^{50} B=1 024 TB

计算机进行数据处理时，一次处理的数据长度称为字，一个字通常由一个或多个（一般是字节的整数倍）字节构成。一个字由若干字节组成，不同的计算机系统的字长是不同的。现代计算机的字长通常为16、32、64位等，字长越长，计算机一次处理的信息位就越多，精度就越高。字长是计算机性能的一个重要指标。字的长度用位数来表示，例如，286微机的字由2字节组成，它的字长为16位；486微机的字由4字节组成，它的字长为32位。计算机的每个字所包含的位数称为字长。计算机的字长决定了其CPU一次操作处理实际位数的多少，字长越大性能越优越。字长是衡量计算机性能的一个重要指标。

（1）计算机中的数制系统。

人们日常生活中最熟悉的是十进制数，但在与计算机打交道时，会涉及二进制、八进制、十进制、十六进制系统。但无论哪种数制，其共同之处都是进位计数制。进位计数制是按照进位的原则进行计数的方法，有数码、基数和位权三个基本概念。

数码是一组用来表示某种数制的符号，如0、1、2、3、A、B、C、D、E、F等，二进制有两个数码0、1，十进制有十个数码0、1、2、3、4、5、6、7、8、9。

基数指进位计数制中数码的个数，常用 R 表示，R 进制的基数为 R。例如，二进制的基数为2；十进制的基数为10。

位权（简称权）是指一个数值的一位上的数字的权值的大小，位权 =（基数）^{i}，其中 i 为数码所在位的编号，从小数点向左依次为0，1，2，3，…，小数点向右依次为 −1，−2，−3，…，例如，十进制数279，2的位权是10^2，7的位权是10^1，9的位权是10^0。二进制中的1011，第一个1的位权是2^3，0的位权是2^2，第二个1的位权是2^1，第三个1的位权是2^0。

任何一种数制的数都可以表示成按位权展开的多项式之和。例如，十进制数的436.08可以表示为 $436.08=4 \times 10^2+3 \times 10^1+6 \times 10^0+0 \times 10^{-1}+8 \times 10^{-2}$，二进制数的1101.01可以表示为 $1101.01=1 \times 2^3+1 \times 2^2+0 \times 2^1+1 \times 2^0+0 \times 2^{-1}+1 \times 2^{-2}$。位权表示法的特点是：每一项 = 某位上的数字 × 基数的若干次幂，而次幂的大小由该数字所在的位置决定。

二进制有两个数码：0、1，计数原则为逢二进一，计数顺序为0，1，10，11，100，101，110，111，1000，1001，1010，1011，1100，1101，1110，1111，…。一个二进制数1011.11可以表示为 $(1011.11)_2$ 或1011.11B，按位权展开为如下形式：

$(1011.11)_2=1 \times 2^3+0 \times 2^2+1 \times 2^1+1 \times 2^0+1 \times 2^{-1}+1 \times 2^{-2}$

八进制有八个数码：0、1、2、3、4、5、6、7，计数原则为逢八进一，计数顺序为0，1，2，3，

4，5，6，7，10，11，12，13，14，15，16，17，20，…。一个八进制数 357.27 可以表示为 $(357.27)_8$ 或 357.27O，按权展开为如下形式：

$(357.24)_8 = 3 \times 8^2 + 5 \times 8^1 + 7 \times 8^0 + 2 \times 8^{-1} + 7 \times 8^{-2}$

十进制有十个数码：0、1、2、3、4、5、6、7、8、9，计数原则为逢十进一。一个十进制数 628.79 可以表示为 $(628.79)_{10}$ 或 628.79D，按权展开为如下形式：

$(628.79)_{10} = 6 \times 10^2 + 2 \times 10^1 + 8 \times 10^0 + 7 \times 10^{-1} + 9 \times 10^{-2}$

十六进制有 16 个数码：0、1、2、3、4、5、6、7、8、9、A、B、C、D、E、F，其中 A、B、C、D、E、F 代表的数值分别对应十进制数的 10、11、12、13、14、15，计数原则为逢十六进一，计数顺序为 0，1，2，3，4，5，6，7，8，9，A，B，C，D，E，F，10，11，12，13，14，15，16，17，18，19，1A，1B，1C，1D，1E，1F，20，…。一个十六进制数 4A9.F1 可以表示为 $(4A9.F1)_{16}$ 或 4A9.F1H，按权展开为如下形式：

$(4A9.F1)_{16} = 4 \times 16^2 + 10 \times 16^1 + 9 \times 16^0 + 15 \times 16^{-1} + 1 \times 16^{-2}$

进制之间可以相互转换，方法如下：

① R 进制数转换为十进制数。R 进制数转换为十进制数的方法为按权展开，即各位数码乘以各自权的和。

$a_n \ldots a_1 a_0 . a_{-1} \ldots a_{-m} R = a \times R^n + \cdots + a \times R^1 + a \times R^0 + a \times R^{-1} + \ldots + a \times R^{-m}$ （其中 a 表示某进制的任意一个数码）

例如，110110.11B 转换为十进制数。

$(110110.11)_2$

$= 1 \times 2^5 + 1 \times 2^4 + 0 \times 2^3 + 1 \times 2^2 + 1 \times 2^1 + 0 \times 2^0 + 1 \times 2^{-1} + 1 \times 2^{-2}$

$= 32 + 16 + 0 + 4 + 2 + 0 + 0.5 + 0.25$

$= (54.75)_{10}$

例如，23DH 转换为十进制数。

$(23D)_{16}$

$= 2 \times 16^2 + 3 \times 16^1 + D \times 16^0$

$= 512 + 48 + 13$

$= (573)_{10}$

② 十进制数转换为 R 进制数。十进制数转换为 R 进制数的方法为整数部分和小数部分分开转换，整数部分用除 R 取余法，除以 R 取余数，直到商为 0，余数逆序排列；小数部分用乘 R 取整法，乘以 R 取整数，直到满足精度要求或小数部分为 0，整数部分顺序排列。

例如，将 $(26.375)_{10}$ 转换为二进制数。

整数部分转换：

```
2 | 26      余数为0
2 | 13      余数为1
  2 | 6     余数为0     所得余数从下到上取为11010
  2 | 3     余数为1
    2 | 1   余数为1
        0
```

小数部分转换：

$$
\begin{array}{r}
0.375 \\
\times\quad 2 \\
\hline
0.750 \\
\end{array}
$$　　取整数部分0，小数部分为0.75

$$
\begin{array}{r}
0.75 \\
\times\quad 2 \\
\hline
1.500 \\
\end{array}
$$　　取整数部分1，小数部分为0.5

所得余数从上到下取为011

$$
\begin{array}{r}
0.5 \\
\times\quad 2 \\
\hline
1.0 \\
\end{array}
$$　　取整数部分1，小数部分为0结束

转换结果为 $(26.375)_{10}=(11010.011)_2$

需要注意的是，将十进制小数转换为二进制小数的过程中，当乘积小数部分变成 0 时，表明转换结束，而将十进制转换成二进制、八进制、十六进制过程中小数部分可能始终不为 0，因此只能限定取若干位为止。将十进制转换为八进制、十六进制的规则和方法与之相同，只是 R（基数）的取值不同。

例如：将 135D 转换成八进制数。

```
8 │ 135
8 │ 16      余数为7
8 │  2      余数为0      所得余数从下到上取为207
   │  0      余数为2
```

转换结果为 $(135)_{10}=(207)_8$ 或表示为 135D=207O

例如：将 986D 转换为十六进制数 。

```
16 │ 986
16 │ 61      余数为10
16 │  3      余数为13      所得余数从下到上取为3DA
   │  0      余数为3
```

转换结果为 $(986)_{10}=(3DA)_{16}$ 或表示为 986D=3DAH

③ 二进制数与八进制数之间的转换。二进制数转换为八进制数的方法：从小数点开始，整数部分从右向左三位一组；小数部分从左向右三位一组，不足三位用 0 补足，每组按权展开对应一位八进制数即可得到八进制数。

例如，将二进制数 10110011010.1101011B 转换为八进制数。

```
0 1 0  1 1 0  0 1 1  0 1 0 . 1 1 0  1 0 1  0 1 1  0 0
  2      6      3      2   .   6      5      4
```

转换结果为 $(10110011010.1101011)_2=(2632.654)_8$ 或表示为 10110011010.1101011B =2632.654O

八进制数转换成二进制数的方法：从小数点开始，向左或向右每一位八进制数用除二取余的方法转换为三位二进制数。

④ 二进制数与十六进制数之间的转换。二进制数转换为十六进制数的方法：从小数点开始，整

数部分从右向左四位一组；小数部分从左向右四位一组，不足四位用 0 补足，每组按权展开对应一位
十六进制数即可得到十六进制数。

例如，将二进制数 10110011110.1101011B 转换为十六进制数。

$$\underset{5}{0\ 1\ 0\ 1}\ \underset{9}{1\ 0\ 0\ 1}\ \underset{E}{1\ 1\ 1\ 0}\ .\ \underset{D}{1\ 1\ 0\ 1}\ \underset{6}{0\ 1\ 1\ 0}\ 0$$

转换结果为 $(10110011110.1101011)_2=(59E.D6)_{16}$ 或表示为 10110011110.1101011B =59E.D6H

十六进制数转换成二进制数的方法：从小数点开始，向左或向右每一位十六进制数用除二取余的
方法转换为四位二进制数。

（2）计算机中数据的表示。

计算机中的数据可以分为数值型数据和非数值型数据。

数值型数据的表示方法有多种，为了解决负数在机器中的表示问题，人们提出了常用的三种表示
方法，即原码表示、反码表示和补码表示。

非数值型数据（如字母、运算符、标点、声音、图片、视频等）在计算机处理的过程中需要用二
进制编码来表示、存储和处理，下面分别加以介绍。

① 西文字符的编码。目前计算机中普遍采用的字符编码为 ASCII 码、Unicode、ANSI、UTF-8 等。
下面以 ASCII 码为例进行简单介绍。

ASCII（American Standard Code for Information Interchange）为"美国信息交换标准代码"，实现在
不同计算机硬件和软件系统中数据传输的标准化，用于显示现代英语和其他西欧语言。ACSII 码以七位
二进制数进行编码，可以表示所有的大写和小写字母、数字 0 ～ 9、标点符号，以及在美式英语中使用
的特殊控制字符，共有 2^7=128 种不同的编码值，用来表示 128 个不同的字符。ASCII 码表如表 1-2 所示。

表 1-2　ASCII 码表

ASCII 值	控制字符	ASCII 值	控制字符	ASCII 值	控制字符	ASCII 值	控制字符
0	NUT	16	DLE	32	(space)	48	0
1	SOH	17	DC1	33	!	49	1
2	STX	18	DC2	34	"	50	2
3	ETX	19	DC3	35	#	51	3
4	EOT	20	DC4	36	$	52	4
5	ENQ	21	NAK	37	%	53	5
6	ACK	22	SYN	38	&	54	6
7	BEL	23	TB	39	,	55	7
8	BS	24	CAN	40	(	56	8
9	HT	25	EM	41	)	57	9
10	LF	26	SUB	42	*	58	:
11	VT	27	ESC	43	+	59	;
12	FF	28	FS	44	,	60	<
13	CR	29	GS	45	-	61	=
14	SO	30	RS	46	.	62	>
15	SI	31	US	47	/	63	?

ASCII 值	控制字符	ASCII 值	控制字符	ASCII 值	控制字符	ASCII 值	控制字符
64	@	80	P	96	`	112	p
65	A	81	Q	97	a	113	q
66	B	82	R	98	b	114	r
67	C	83	S	99	c	115	s
68	D	84	T	100	d	116	t
69	E	85	U	101	e	117	u
70	F	86	V	102	f	118	v
71	G	87	W	103	g	119	w
72	H	88	X	104	h	120	x
73	I	89	Y	105	i	121	y
74	J	90	Z	106	j	122	z
75	K	91	[	107	k	123	{
76	L	92	\	108	l	124		
77	M	93	]	109	m	125	}
78	N	94	^	110	n	126	~
79	O	95	—	111	o	127	DEL

由表 1-2 可知，大写英文字母 A 的 ASCII 码 65D 转换为二进制数为 1000001B，则大写字母 A 在计算机内被表示为 1000001。

由于 ASCII 码采用七位编码，没有用到字节的最高位，很多系统就利用这一位作为校验码，以便提高字符信息传输的可靠性。

Unicode 编码也是一种国际标准编码，它采用两个字节编码，应用于网络、Windows 系统和很多大型软件中。

② 汉字的编码。

a. 国标码和区位码。为了满足计算机系统对汉字的处理需要，1980 年，我国颁布了第一个汉字编码的国家标准《信息交换用汉字编码字符集　基本集》GB 2312—1980，简称国标码，它是计算机进行汉字信息处理和汉字信息交换的标准编码。国标码是二字节码，用两个七位的二进制数编码表示一个汉字，也就是说一个汉字用两个字节来表示。

在该编码中，共收录汉字和图形符号 7 445 个，其中一级常用汉字 3 755 个（按汉语拼音字母顺序排列），二级常用汉字 3 008 个（按部首顺序排列），图形符号 682 个。

为了便于使用，国标码将国标码中的汉字和其他符号按照一定的规则排列成为一个 94 行 × 94 列的表格，在这个表格中，每一横行称为一个"区"，每一竖列称为一个"位"，整个表格共有 94 区，每区有 94 位，并将"区"和"位"用十进制数字进行编号：即区号为 01 ~ 94，位号为 01 ~ 94，区号和位号的组合为汉字的区位码。

根据汉字的国家标准，用两个字节（16 位二进制数）表示一个汉字。但使用 16 位二进制数容易出错，因而在使用中都将其转换为十六进制数使用。国标码是一个四位十六进制数，区位码则是一个四位的十进制数，每个国标码或区位码都对应着一个唯一的汉字或符号，但因为十六进制数很少用到，常用的是区位码，它的前两位称为区码，后两位称为位码。区位码和国标码的换算关系是：区码和位码分别加上十进制数 32（十六进制数 20H）就是国标码。

例如，"国"字在区位表中的 25 行 90 列，其区位码为 2590D。区码 25：25+32=57，57 转换为十六进制数为 39H；位码 90：90+32=122，122 转换为十六进制数为 7AH。因此"国"字的国标码是 397AH。

b．机内码。国标码是汉字信息交换的标准编码，但因其前后字节的最高位为 0，容易与 ASCII 码发生冲突，如"保"字，国标码为 31H 和 23H，而西文字符"1"和"#"的 ASCII 也为 31H 和 23H，现假如内存中有两个字节为 31H 和 23H，这到底是一个汉字，还是两个西文字符"1"和"#"？于是就出现了二义性。显然，国标码是不可能在计算机内部直接采用的，而是采用汉字的机内码，即计算机对汉字进行处理和存储时使用汉字的机内码。汉字的机内码是变形国标码，其变换方法为：将国标码的每个字节都加上十进制 128（或十六进制的 80H），即将两个字节的最高位由 0 改 1，其余七位不变。例如，"保"字的国标码为 3123H，前一字节为 00110001B，后一字节为 00100011B，高位改 1 为 10110001B 和 10100011B，即为 B1A3H，因此，"保"字的机内码就是 B1A3H。

c．输入码。输入码是使用英文键盘输入汉字时的编码。目前，我国已推出的输入码有数百种，但用户使用较多的约为十几种。按输入码编码的主要依据，大体可分为顺序码、音码、形码、音形码四类。例如，"学"字，用全拼输入法，输入码为 XUE，用区位码输入法，输入码为 4907，用五笔字型输入法则为 ipbf。

d．字形码。汉字字形码又称汉字字模，用于汉字在显示屏或打印机输出。汉字字形码通常有两种表示方式：点阵和矢量表示方法。

用点阵表示字形时，汉字字形码指的是这个汉字字形点阵的代码。根据输出汉字的要求不同，点阵的多少也不同。简易型汉字为 16×16 点阵，提高型汉字为 24×24 点阵、32×32 点阵、48×48 点阵等。点阵规模越大，字形越清晰美观，所占存储空间也越大。如果一个汉字字形采用 16×16 点阵形式，每一个点用一个二进制位来表示，则存储该汉字需要 32 字节。

那么，存储 400 个 24×24 点阵汉字字形所需的存储容量是多少呢？

我们知道，8 bit=1 B，1 024 B 为 1 KB。

则一个 24×24 点阵汉字的大小为：24×24÷8=72（B）

400 个 24×24 点阵汉字的大小为：400×24×24÷8=28 800（B）

28 800 B÷1 024=28.125 KB

所以，存储 400 个 24×24 点阵汉字字形所需的存储容量是 28.125 KB。

矢量表示方式存储的是描述汉字字型的轮廓特征，当要输出汉字时，通过计算机的计算，由汉字字形描述生成所需大小和形状的汉字点阵。矢量化字形描述与最终文字显示的大小，分辨率无关，因此可以产生高质量的汉字输出。Windows 中使用的 TrueType 技术就是汉字的矢量表示方式。

【习题】

一、选择题

1. 下列两个二进制数进行算术加运算，100001+111=（　　）。

　A．100101　　　　B．101110　　　　C．101000　　　　D．101010

实训一习题
参考答案

2. 已知英文字母 m 的 ASCII 码值为 6DH，那么字母 q 的 ASCII 码值是（　　）。

    A. 72H　　　　　　B. 71H　　　　　　C. 70H　　　　　　D. 6FH

3. 计算机的硬件技术中，构成存储器的最小单位是（　　）。

    A. 字（Word）　　B. 二进制位（bit）　C. 双字（DoubleWord）　D. 字节（Byte）

4. 第一台通用计算机是 1946 年美国研制的，该机英文缩写名为（　　）。

    A. MARK-II　　　　B. EDSAC　　　　　C. EDVAC　　　　　D. ENIAC

5. 计算机主要技术指标通常是指（　　）。

    A. 硬盘容量的大小

    B. 所配备的系统软件的版本

    C. CPU 的时钟频率、运算速度、字长和存储容量

    D. 显示器的分辨率、打印机的配置

6. 表示计算机内存储器容量时，1 MB 为（　　）字节。

    A. 1 000 × 1 024　B. 1 024 × 1 000　　C. 1 024 × 1 024　　D. 1 000 × 1 000

7. 二进制数 1111111 对应的十六进制数是（　　）。

    A. 3D　　　　　　B. 6F　　　　　　　C. 7D　　　　　　　D. 7F

8. Windows 7 把所有的系统环境设置功能都统一到（　　）。

    A. 计算机　　　　B. 控制面板　　　　C. 资源管理器　　　D. 我的文档

9. Windows 中，以下对文件的说法中正确的是（　　）。

    A. 不同的文件夹下，不可以有同名的文件　　B. 在同一磁盘下，不可以有同名的文件

    C. 在同一文件夹下，可以有同名的文件　　　D. 在同一文件夹下，不可以有同名的文件

10. Windows 系统中，任务栏（　　）。

    A. 只能改变大小不能改变位置　　　　　　B. 只能改变位置不能改变大小

    C. 既不能改变位置也不能改变大小　　　　D. 既能改变位置也能改变大小

11. Windows 中，某个窗口的标题栏的右端的三个图标可以用来（　　）。

    A. 改变窗口的颜色，大小和背景　　　　　B. 使窗口最大化，最小化和关闭

    C. 改变窗口大小，形状和颜色　　　　　　D. 使窗口最小化，最大化和改变显示方式

12. Windows 资源管理器中，选定文件后，打开文件属性对话框的操作是（　　）。

    A. 单击"工具"→"属性"　　　　　　　　B. 单击"编辑"→"属性"

    C. 单击"文件"→"属性"　　　　　　　　D. 单击"查看"→"属性"

13. 按照数的进位制概念，下列各个数中正确的八进制数是（　　）。

    A. 7081　　　　　B. 1101　　　　　　C. 1109　　　　　　D. B03A

14. 一个字长为七位的无符号二进制整数能表示的十进制数值范围是（　　）。

    A. 0 ～ 256　　　　B. 0 ～ 128　　　　　C. 0 ～ 255　　　　　D. 0 ～ 127

15. 将十进制 257 转换成十六进制数是（　　）。

    A. 101　　　　　　B. FF　　　　　　　C. 11　　　　　　　D. F1

16. 要存放 10 个 24×24 点阵的汉字字模，需要（   ）存储空间。

    A. 720 B   B. 72 B   C. 72 KB   D. 320 B

17. 4 个字节应由（   ）位二进制位表示。

    A. 16   B. 32   C. 64   D. 48

18. 一般认为，电子计算机的发展已经历了四代，第一代至第四代计算机使用的主要元器件分别是（   ）。

    A. 电子管、数码管、中小规模集成电路、激光器件

    B. 电子管、晶体管、中小规模集成电路、光纤

    C. 晶体管、中小规模集成电路、激光器件、大规模或超大规模集成电路

    D. 电子管、晶体管、中小规模集成电路、大规模或超大规模集成电路

19. 以下不同进制的四个数中，最小的是（   ）。

    A. 75（十进制）   B. 2A（十六进制）   C. 37（八进制）   D. 11011001（二进制）

20. Windows 中打开"任务管理器"的快捷键是（   ）。

    A.【Ctrl+Alt+Del】 B.【Ctrl+Alt+Enter】 C.【Ctrl+Alt+Home】 D.【Ctrl+Alt+End】

21. Windows 默认环境中，用于中英文输入切换的快捷键是（   ）。

    A.【Shift+ 空格】 B.【Ctrl+ 空格】   C.【Ctrl+Alt】   D.【Ctrl+Shift】

22. 已知英文字母 m 的 ASCII 码值为 6DH，那么 ASCII 码值为 70H 的英文字母是（   ）。

    A. p   B. j   C. Q   D. P

23. 任务栏中的任何一个按钮都代表着（   ）。

    A. 一个可执行程序   B. 一个不工作的程序窗口

    C. 一个缩小的程序窗口   D. 一个正在执行的程序

24. 按（   ）组合键可以使多个应用程序窗口进行切换。

    A.【Ctrl+Tab】 B.【Ctrl+Shift】   C.【Ctrl+ 空格】   D.【Alt+Tab】

25. C 的 ASCII 码为 1000011，则 G 的 ASCII 码为（   ）。

    A. 1000111   B. 1000100   C. 1001001   D. 1001010

26. 计算机术语中，bit 的中文含义是（   ）。

    A. 位   B. 字长   C. 字   D. 字节

27. 字长是 CPU 的主要技术性能指标之一，它表示的是（   ）。

    A. CPU 的计算结果的有效数字长度   B. CPU 能表示的十进制整数的位数

    C. CPU 一次能处理二进制数据的位数   D. CPU 能表示的最大的有效数字位数

28. 删除 Windows 桌面上某个应用程序的图标，意味着（   ）。

    A. 只删除了图标，对应的应用程序被保留 B. 只删除了该应用程序，对应的图标被隐藏

    C. 该应用程序连同其图标一起被隐藏   D. 该应用程序连同其图标一起被删除

29. Windows 中能更改文件名的操作是（   ）。

    A. 用鼠标左键单击文件名，选择"重命名"命令，输入新文件名后按【Enter】键

    B. 用鼠标右键双击文件名，选择"重命名"命令，输入新文件名后按【Enter】键

C. 用鼠标右键单击文件名，选择"重命名"命令，输入新文件名后按【Enter】键

D. 用鼠标左键双击文件名，选择"重命名"命令，输入新文件名后按【Enter】键

30. Windows 中，双击一个窗口左上角的"控制菜单图标"按钮，可以（　　　）。

    A. 放大该窗口　　　　B. 关闭该窗口　　　　C. 缩小该窗口　　　　D. 移动该窗口

31. 下面的数值中，（　　　）可能是二进制数。

    A. 1011　　　　B. 84EK　　　　C. DDF　　　　D. 125M

32. 计算机操作系统是（　　　）。

    A. 对源程序进行编辑和编译的软件　　　　B. 一种使计算机便于操作的硬件设备

    C. 计算机的操作规范　　　　D. 计算机系统中必不可少的系统软件

33. 下列不属于 Windows 附件的是（　　　）。

    A. 记事本　　　　B. 计算器　　　　C. 画图　　　　D. 启动

34. 一般计算机硬件系统的主要组成部件有五大部分，下列选项中不属于这五部分的是（　　　）。

    A. 输入设备和输出设备　　　　B. 控制器

    C. 运算器　　　　D. 软件

35. Windows 中有两个管理系统资源的程序组，它们是（　　　）。

    A. "控制面板"和"开始"菜单　　　　B. "计算机"和"控制面板"

    C. "资源管理器"和"控制面板"　　　　D. "计算机"和"资源管理器"

二、操作题

1. 在 D 盘下建立 exe 文件夹，并完成以下操作：

（1）在文件夹 exe 内新建一个 BMP 文件并命名为 ch，设置该 BMP 文件只具备"只读"属性。

（2）在文件夹 exe 内新建一个文件夹并命名为 ku。

（3）在文件夹 exe 内新建一个文本文件并命名为 wd，在里面输入以下文字："胸怀千秋伟业，恰是百年风华"。

（4）移动文件 wd.txt 到 ku 下。

2. 在 D 盘下建立一个文件夹 jk，并完成以下操作：

（1）在文件夹 jk 内新建一个名为 ta3 的文件夹。

（2）在文件夹 jk 内新建一个 Word 文档，文档命名为 ku3，并设置 Word 文档 ku3 只具备"只读"属性。

（3）在文件夹 jk 内新建 txt.xlsx 文档，并设置该文件为"只读"属性。

（4）把 ta3 文件夹的属性更改为"只读"，并在该文件夹下建立"画图"的快捷方式，快捷方式名称为 painting。

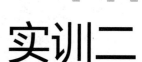

实训二
Word 2016 文档格式化

一、实训目的

（1）掌握 Word 2016 页面设置的方法。

（2）掌握 Word 2016 字符格式、段落格式以及样式的设置。

（3）掌握在文档中插入形状及设置其属性的方法。

（4）学会外观界面、功能区及视图的设置方法。

（5）学会 Word 2016 页眉、页脚、页码、批注、尾注、脚注、项目符号与编号的设置。

二、实训准备

Word 2016 是 Microsoft 公司推出的 Office 2016 中的一个重要组件，它用于制作各种文档，如书稿、信件、报刊、合同、表格、图形、图表、简历等，是一种易学易用、所见即所得的应用软件，文档的扩展名为 .docx。

1. Word 2016 界面环境

Word 2016 窗口界面如图 2-1 所示，除了具有 Windows 7 窗口的标题栏等基本元素外，还主要包括"快速访问工具栏"、"文件"、"开始"、"插入"、"设计"、"布局"和"视图"等选项卡，以及选项卡下方的功能区命令工具、标尺，编辑区左侧的导航选项、编辑区右侧的滚动条、编辑区下方的状态栏、视图按钮、显示比例等，可根据自己的喜好进行修改和设置。

（1）自定义外观界面。如图 2-1 所示，选择"文件"菜单中的"选项"命令，打开"Word 选项"对话框，其中"常规"选项卡中的"用户界面选项""启动选项""实时协作选项"可完成外观界面及其他设置。

（2）自定义功能区。当某一选项卡选中后，其下方为对应的功能区，用户对功能区可以进行自定义，让功能区更加符合自己的使用习惯。选择"文件"菜单中的"选项"命令，在打开的对话框中找到"自定义功能区"选项卡，然后在"自定义功能区"列表中进行相应操作，实现自定义功能区显示的选项如图 2-2 所示。

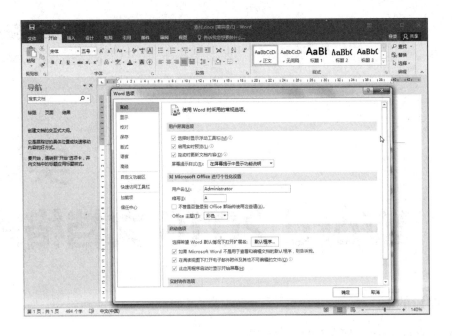

图 2-1　Word 2016 窗口界面

图 2-2　"自定义功能区"选项卡

（3）自定义文档保存格式和位置。选择"文件"菜单中的"选项"命令，打开"Word 选项"对话框，单击"保存"选项卡，在右侧设置"将文件保存为此格式"，从下拉列表中选择需要的保存格式，设置"保存自动恢复信息时间间隔"及"默认本地文件位置"，如图 2-3 所示。

图 2-3　"保存"选项卡

2．Word 2016 常见视图

在 Word 2016 中提供了多种视图模式供用户选择，包括"阅读视图""页面视图""Web 版式视图""大纲视图""草稿"五种视图模式。用户可以从"视图"选项卡的"视图"功能区组中选择需要的文档视图模式，如图 2-4 所示。也可以在 Word 2016 文档窗口的右下方单击视图按钮选择视图模式。

图 2-4　Word 2016 中多种视图模式

（1）"阅读视图"以图书的分栏样式显示 Word 2016 文档，"文件"等选项卡、功能区元素被隐藏起来。在阅读视图中，用户可以单击左右箭头、显示比例等进行阅读。

（2）"页面视图"可以显示 Word 2016 文档的打印结果外观，主要包括页眉、页脚、图形对象、分栏设置、页面边距等元素，是一种所见即所得的视图模式，也是一种常见的视图模式。

（3）"Web 版式视图"以网页的形式显示 Word 2016 文档，适用于发送电子邮件和创建网页。

（4）"大纲视图"主要用于 Word 2016 文档的设置和显示标题的层级结构，并可以方便地折叠和展开各种层级的文档。大纲视图广泛用于 Word 2016 长文档的快速浏览和设置。

（5）"草稿"取消了页面边距、分栏、页眉页脚和图片等元素，仅显示标题和正文，是最节省计算机系统硬件资源的视图方式。当然，现在计算机系统的硬件配置都比较高，基本上不存在由于硬件配置偏低而使 Word 2016 运行遇到障碍的问题。

"视图"选项卡中的"显示"功能区组用于设置标尺、网格线、导航窗格的显示与否。勾选相应选项即可实现对应功能。

"视图"选项卡中的"显示比例"功能区组用于缩放文本区的显示比例、单双多页显示等。

3．Word 2016 布局

Word 2016"布局"选项卡提供了"页面设置""稿纸""段落""排列"等功能区组，用于实现文档排版方式、纸张大小、页面边距、段落格式的设置等，如图 2-5 所示。与 Word 2010 "布局" 选项卡略有不同，其中 "主题" 功能区组转到 "设计" 选项卡中。

图 2-5　Word 2016 "布局" 选项卡

Word 2016 "布局" 选项卡中比较常用的是 "页面设置" 和 "段落" 功能区组。

（1）"页面设置" 功能区组在 Word 启动后，文档录入前就应首先设置，包括纸张大小、纸张方向、页边距、文字方向以及分栏等设置。

（2）"段落" 功能区组主要便于在排版时设置段前、段后的间距以及以段为单位向左、向右整体的缩进距离等，其功能与 "开始" 选项卡中的 "段落" 功能区组一致。

4. Word 2016 "开始" 选项卡

Word 2016 "开始" 选项卡提供了 "剪贴板" "字体" "段落" "样式" "编辑" 等功能区组，主要用于实现文档的编辑命令、字符格式设置、段落格式设置、样式的设置以及文档中文本的查找替换等，如图 2-6 所示。

"剪切板" 功能区组提供 "剪切" "复制" "粘贴" "格式刷" 等编辑按钮。

"字体" 功能区组用于设置选定内容的 "字体" "字号" "颜色" "上标" "下标" "加粗" "倾斜" "下画线" "边框底纹" 等效果，使用频率极高。

"段落" 功能区组用于设置段前、段后、段之间距离，行距，编号、项目符号等效果。

图 2-6　Word 2016 "开始" 选项卡

三、实训内容

打开文件夹 "实训二素材" 中的文件 "素材.docx"，按照下列要求完成操作并以文件名 "结果1.docx" 保存文档，效果如图 2-7 所示。

四、实训要求

（1）设置纸张大小为 A3，左、右页边距均为 "3厘米"；页面颜色为浅绿色。

（2）正文第一段段落首行缩进 2 字符，段前间距 1 行，以及添加双线、红色的方框。

（3）正文第二、三、四段段落内容设置为：宋体、四号、加粗、1.5 倍行距；并且分栏：2 栏、带分隔线。

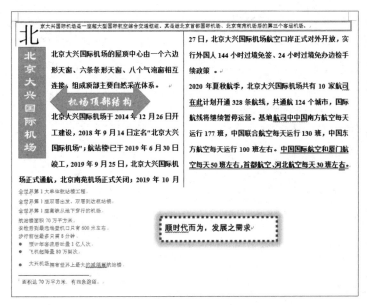

图 2-7　结果 1.docx 样张图

（4）在第二段后第三段前插入一个形状"箭头：左右"，应用第 2 行第 2 列形状样式，内容为"机场顶部结构"，华文行楷、二号，浮于文字上方。

（5）第三段"航站楼"处插入尾注，内容为："面积达 70 万平方米，有四条跑道。"。

（6）正文第四段最后一句文字添加双线、"标准色：红色"的下画线；第四段的最后一个字应用增大圈号的带圈字符效果。

（7）插入一个文字方向竖排的文本框作为标题，添加文本内容为"北京大兴国际机场"，隶书，一号，居中；文本框应用第 3 行第 2 列形状样式，"阴影：内部左上"的形状效果，四周型环绕。

（8）为正文设置首字下沉，下沉行数为 3；将正文最后一段"大兴机场"字符位置提升 3 磅。

（9）文档中所有词"全球"替换为"全世界"，并加着重号"．"。

（10）将文档中英文、数字设置为 Times New Roman 字体。

（11）为正文最后三行设置项目符号"●"。

（12）在文档最后插入文本框，内容为"顺时代而为，发展之需求"，文本框的边框（形状轮廓）修改为 4.5 磅紫色圆点虚线，文本框形状效果设置为"发光 - 红色，18pt 发光，个性色 2"。

五、实训步骤

（1）设置纸张大小为 A3，左、右页边距均为"3 厘米"；页面颜色为浅绿色。

打开"布局"选项卡进行页面设置。该操作应该在文字、图、表格录入之前进行设置，如果在录入之后、打印之前设置，则页面设置的变化会使图片和表格的大小、位置发生移位，甚至出现溢出到边界外的现象。

首先进行"纸张大小"的设置，然后对"纸张方向""文字方向""页边距"进行设置。可以单击"页面设置"功能区组右下角的箭头（对话框启动器）按钮，打开图 2-8 和图 2-9 所示的对话框，在其中进行设置。

图 2-8 页面设置"纸张"选项卡　　　　　图 2-9 页面设置"页边距"选项卡

　　也可以直接单击功能区组中相应按钮中的下拉列表，进行选取设置，这里选取纸张大小为 A3，纸张方向为"纵向"，文字方向为"水平"，左右页边距为"3 厘米"，如图 2-10 ～图 2-13 所示。

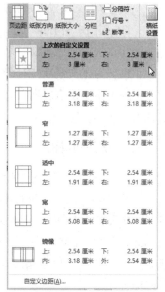

图 2-10 纸张大小设置　　图 2-11 纸张方向设置　　图 2-12 文字方向设置　　图 2-13 页边距设置

页面颜色设置：在"设计"选项卡中的"页面背景"功能区组中，选择"页面颜色"，进行相应设置，如图 2-14 所示。

　　（2）正文第一段段落首行缩进 2 字符，段前间距 1 行，以及添加双线、红色的方框。

　　段落设置：选中第一段，在"开始"选项卡中的"段落"功能区组中，单击对话框启动器按钮，在打开的对话框中进行设置，如图 2-15 所示。

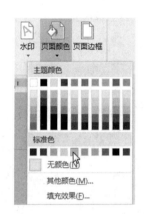

图 2-14　页面颜色设置

图 2-15　段落设置

　　边框设置：在"设计"选项卡中的"页面背景"功能区组中，选择"页面边框"，在打开的对话框中进行相应设置，如图 2-16 所示。

　　（3）正文第二、三、四段段落内容设置为：宋体、四号、加粗、1.5 倍行距；并且分栏：2 栏、带分隔线。

　　字体与段落设置：选定相应操作段落，在"开始"选项卡中的"字体"功能区组中进行设置，或者单击该功能区组右下角的对话框启动器按钮，打开"字体"对话框，进行相应设置，此处不再赘述。

　　分栏设置：选定相应操作段落，在"布局"选项卡中的"页面设置"功能区组中进行设置，如图 2-17 所示。

　　（4）在第二段后第三段前插入一个形状"箭头：左右"，应用第 2 行第 2 列形状样式，内容为"机场顶部结构"，华文行楷、二号，浮于文字上方。

　　箭头的插入与样式设置：光标置于第一段后第二段前，在"插入"选项卡中的"插图"功能区组中单击"形状"，进行箭头选取，如图 2-18 所示；单击设置好的箭头图形，进行相应设置，如图 2-19 所示。

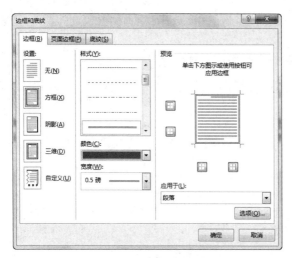

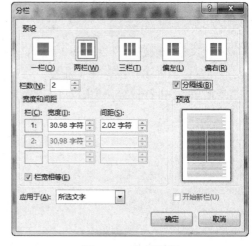

图 2-16 段落边框设置　　　　　　　　图 2-17 分栏设置

内容添加与设置：选定已插入的箭头形状，右击并选择"添加文字"命令，添加相应文字，并完成字体、字号设置。

（5）第三段"航站楼"处插入尾注，内容为："面积达 70 万平方米，有四条跑道。"

选中第三段文本"航站楼"，单击"引用"选项卡中的"脚注"功能区组中的"插入尾注"按钮，如图 2-20 所示，在链接位置输入内容文本即可。

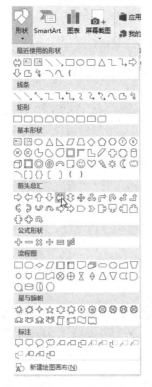

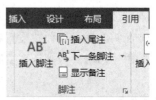

图 2-18 插入箭头　　　　　图 2-19 形状样式设置　　　　图 2-20 尾注设置

（6）正文第四段最后一句文字添加双线、"标准色：红色"的下画线；第四段的最后一个字应用增大圈号的带圈字符效果。

下画线设置：选中第四段最后一句，在"字体"对话框中设置即可，如图 2-21 所示。

带圈字符设置：选中第四段最后一句"右"文字，单击"字体"功能区组中"带圈字符"按钮在打开的对话框中设置即可，如图 2-22 所示。

图 2-21　下画线设置

图 2-22　带圈文字设置

（7）插入一个文字方向竖排的文本框作为标题，添加文本内容为"北京大兴国际机场"，隶书，一号，居中；文本框应用第 3 行第 2 列形状样式，"阴影：内部左上"的形状效果，四周型环绕。

文本框设置：在"插入"选项卡中的"文本"功能区组中单击"文本框"，选择"绘制竖排文本框"，在文档相应位置处拖动即可完成文本框的插入，输入文本内容"北京大兴国际机场"。

文本框效果设置：在文档中选取插入的文本框，在"绘图工具-格式"选项卡中的"形状样式"功能区组中，单击第 3 行第 2 列样式，如图 2-23 所示；单击"形状效果"进行相应设置，如图 2-24 所示；单击"排列"功能区组中的"环绕文字"按钮，在下拉列表中选择"四周型"。

（8）为正文设置首字下沉，下沉行数为 3；将正文最后一段"大兴机场"字符位置提升 3 磅。

首字下沉设置：选中正文，在"插入"选项卡的"文本"功能区组中单击"首字下沉"，选择"首字下沉选项"，打开"首字下沉"对话框，进行相应设置，如图 2-25 所示。

字符位置设置：单击选中"大兴机场"文字，然后单击"开始"选项卡，在"字体"功能区组中单击对话框启动器按钮，在打开的"字体"对话框中单击"高级"选项卡，进行相应设置，如图 2-26 所示。

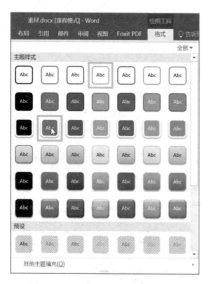

图 2-23　文本框形状样式设置

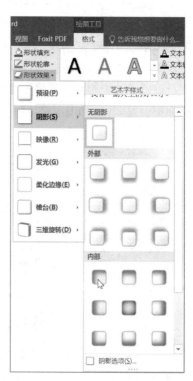

图 2-24　文本框"阴影"形状效果设置

图 2-25　首字下沉设置

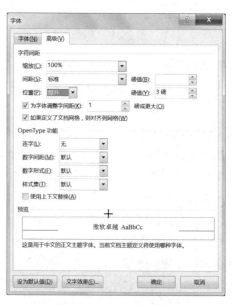

图 2-26　字符位置设置

（9）文档中所有词"全球"替换为"全世界"，并加着重号"."。

替换设置：单击"开始"选项卡中的"编辑"功能区组中的"替换"按钮，打开"查找和替换"对话框在"查找内容"文本框中输入"全球"，在"替换为"文本框中输入"全世界"，单击左下角的"更多"按钮,即打开图 2-27 所示的扩展对话框,单击左下角的"格式"按钮,选择"字体"命令,打开"字体"对话框,设置着重号,单击"确定"按钮,返回图 2-27 中,单击"全部替换"按钮,如图 2-28 即可完成。

图 2-27　文本替换设置

图 2-28　替换格式设置

（10）将文档中英文、数字设置为 Times New Roman 字体。

字体的设置:按【Ctrl+A】组合键全选文档,在"开始"选项卡中的"字体"功能区组中选取相应的字体即可完成设置,此处不再赘述。此时 Times New Roman 字体的设置仅对英文和数字有效,汉字保持不变。

（11）为正文最后三行设置项目符号"●"。

选取最后三行文本,打开"段落"功能区组中的"项目符号"进行设置,如图 2-29 所示。

图 2-29　项目符号设置

（12）在文档最后插入文本框,内容为"顺时代而为,发展之需求",文本框的边框（形状轮廓）修改为 4.5 磅紫色圆点虚线,文本框形状效果设置为"发光 - 红色,18pt 发光,强调文字颜色 2"。

文本框的插入:光标置于文档最后,选取"插入"选项卡中的"文本"功能区组中的"文本框",选择"绘制文本框",在文档最后拖动即可完成文本框的插入,输入文本内容"顺时代而为,发展之需求"。

文本框效果的设置:在文档中选取插入的文本框,在"绘图工具 - 格式"选项卡中的"形状样式"功能区组中,单击"形状轮廓"进行相应颜色、线型设置,如图 2-30 所示;单击"形状效果"进行相应设置,如图 2-31 所示。

至此,读者应能掌握文档的创建,页面设置,字符格式设置,段落格式设置,分栏设置,项目符号设置,编号设置,页眉、页脚、页码、尾注设置,文档框、形状以及效果设置等基本文档格式化方法,可继续对各种文字、图形、文本框的效果进行设置。

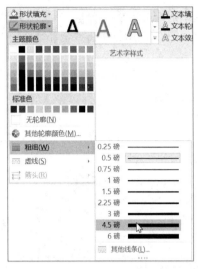

图 2-30　文本框形状轮廓设置

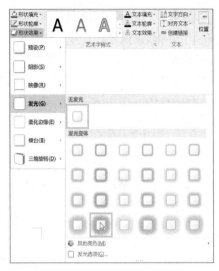

图 2-31　文本框"发光"形状效果设置

六、实训延伸

1. Word 2016 文档如何转换成 PDF 文件

PDF 文档因其具有只读性、不易修改性而被广泛应用。有时在文档编辑中需要将 Word 文档转换成 PDF 文档。Office 2016 具有把一个 Word 文档转换成 PDF 文档的功能。

方法一：保存文档之后，选择"文件"菜单中的"导出为 PDF"命令，则可直接将文档转换为 PDF 文件，这是 Word 2010 不具备的一项功能。

方法二：文档编辑好保存后，选择"文件"菜单中的"另存为"命令，打开"另存为"对话框，在"保存类型"中选取"PDF"（*.pdf），如图 2-32 所示。

图 2-32　Word 转换为 PDF

单击"另存为"对话框右下角的"选项"按钮，打开"选项"对话框，可进行 PDF 文档加密以及指定页范围的转换等操作，如图 2-33 所示。

2. Word 2016 文档自动生成文章目录

　　首先，设置标题格式：选中文档中的所有一级标题，在"开始"选项卡"样式"功能区组（见图 2-34）中单击"标题 1"即选用默认样式，右击可进行样式修改；同样对二级标题、三级标题的样式进行设置。

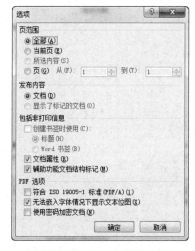

图 2-33　"选项"对话框

图 2-34　标题"样式"功能区组

　　其次，自动生成目录：把光标定位到文档第 1 页的首行，第 1 个字符左侧（目录应在文章的前面）；选择"引用"选项卡，打开"目录"功能区组，如图 2-35 所示；单击"目录"，选择自动目录，样式自选，文章的目录自动生成完成。

图 2-35　"引用"选项卡

　　最后，更新目录：在目录中右击，在弹出的快捷菜单中选择"更新域"命令更新页码或目录内容（按【F9】键亦可实现同样操作）。

3. Word 2016 文档打印选项

　　选择"开始"菜单中的"打印"命令，在"打印"面板中基本可以完成所有打印操作的设置，如图 2-36 所示。

　　至此，一个 Word 2016 文档从页面设置、文本录入、格式设置、排版美化，直到打印输出，完整的设置流程介绍完毕，读者可以通过上机实验掌握技巧，提高编排效率。

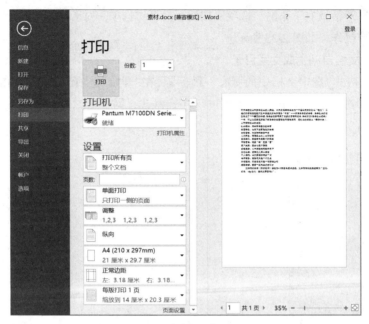

图 2-36 "打印"面板

【习题】

1. 打开"实训二习题"中的"习题一"文件夹中的"素材文件 .docx"，按下列步骤进行操作。完成操作后，保存文档为"结果文件 .docx"，并关闭 Word 应用程序。

注意：

文件中所需要的素材和样张均在"实训二习题"中的"习题一"文件夹下，做题时可参考样张图片。

（1）纸张大小为 A4，左、右页边距均为 2 厘米，装订线为 0.5 厘米；页面颜色为"花束"纹理效果。

（2）文档标题"语文园地"应用"标题 1"样式，并修改样式：华文隶书、一号、加粗，段前后间距均 1 行，居中。（其余默认格式请勿更改）所有的红色文字均设置为倾斜、字符放大 150%、字符间距加宽 3 磅，并添加双线的下画线。

（3）"读读认认"下的 6 个段落，分 2 栏，带分隔线；"读读背背"下的 2 个段落添加项目符号 ➢。

（4）插入文本框，将"口语练习"下的文字移至文本框内，文字内容居中；文本框应用第 4 行第 4 列形状样式，"发光：8 磅；橄榄色，主题色 3"形状效果，上下型环绕，放置在"口语练习"下方。

（5）插入图片"春天 .jpg"，高度为 4 厘米，应用"简单框架，白色"图片样式，浮于文字上方。

（6）在文档最后制作表格，输入图 2-37 所示表格内容；单元格高度、宽度均为 2 厘米，文字均水平和垂直居中；所有框线均为红色的单线。

结果如样张图 2-37 所示。

图 2-37　习题一结果样张

2. 打开"实训二习题"中的"习题二"文件夹中的"素材文件 .docx"，按下列步骤进行操作。完成操作后，保存文档为"结果文件 .docx"，并关闭 Word 应用程序。

注意：

文件中所需要的素材和样张均在"实训二习题"中的"习题二"文件夹下，做题时可参考样张图片。

（1）自定义纸张大小：宽为 27 厘米，高为 36 厘米，纸张方向为横向；添加空白页眉"恐龙知识"。

（2）"恐龙时代"应用文本效果：第 2 行第 2 列"渐变填充：水绿色，主题色 5；映像"，华文行楷、一号字。正文的前 3 段应用"正文"样式，并修改样式：宋体、四号字，首行缩进 2 字符，行距为固定值 26 磅，段前间距为 0.5 行。

（3）插入"垂直框列表"类型的 SmartArt 图形，内容见样张；应用第五种彩色，三维"优雅"样式效果，四周型环绕；放置在文档左侧。

（4）插入图片"恐龙 .jpg"，应用"简单框架，黑色"图片样式，"偏移：下"外部阴影效果，衬于文字下方。

（5）文档最后四段文字转换为 4 行 2 列的表格，均为四号字；应用"网格表 6 彩色 - 着色 1"表格样式，列宽均为 8 厘米，第 1 行单元格合并及居中。

（6）插入"对话气泡：椭圆形"标注，应用第 1 行第 2 列形状样式；添加文字"温和的食草动物"。

结果如样张图 2-38 所示。

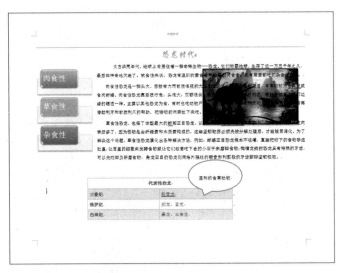

图 2-38　习题二结果样张

实训三
Word 2016 表格制作与图文混排

一、实训目的

（1）掌握 Word 2016 中表格的创建、编辑与属性设置。

（2）掌握 Word 2016 中文本框、图片的插入方法及属性设置。

（3）掌握 Word 2016 中艺术字、SmartArt 图形的插入与设置方法。

（4）掌握 Word 2016 中公式的插入方法与技巧。

二、实训准备

1. Word 2016"插入"选项卡

Word 2016"插入"选项卡包含"页面""表格""插图""链接""批注""页眉和页脚""文本""符号"等功能区组。

（1）"页面"的插入。在"页面"功能区组可以插入或删除内置以及可用的联机内容中的各种类型的封面、插入空白页或在指定位置插入分页符等。

（2）"表格"的插入。在文档中，使用表格是一种简明扼要的表达方式，它以行列的形式组织信息，结构严谨，效果直观，应用极广。Word 2016 表格的制作主要有两种方法：

方法一：

在 Word 2016 文档中，用户可以使用"插入表格"对话框插入指定行数列数的表格，并可以设置所插入表格的列宽，操作步骤如下：

打开 Word 2016 文档窗口，切换到"插入"选项卡，在"表格"功能区组中单击"表格"按钮，并在打开的表格菜单中选择"插入表格"命令，如图 3-1 所示。

打开"插入表格"对话框，在"表格尺寸"区域分别设置表格的行数和列数。在"'自动调整'操作"区域如果选中"固定列宽"单选按钮，则可以设置表格的固定列宽尺寸；如果选中"根据内容调整表格"单选按钮，则单元格宽度会根据输入的内容自动调整；如果选中"根据窗口调整表格"单选按钮，则所插入的表格将充满当前页面的宽度。选中"为新表格记忆此尺寸"复选框，则再次创建表格时将使用当前尺寸。设置完毕单击"确定"按钮，如图 3-2 所示。

图 3-1　选择"插入表格"命令　　　　　图 3-2　"插入表格"对话框

方法二：

在"插入"选项卡的"表格"功能区组中单击"表格"按钮，并在打开的表格菜单中根据实际需要用鼠标拖动来实现行列的设定，参见图 3-1。

选中插入的表格，在"表格工具 - 设计"选项卡中，可以对表格样式、线型、颜色、边框底纹等进行设置，如图 3-3 所示。

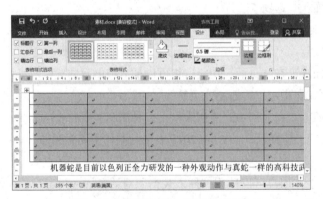

图 3-3　"表格工具 - 设计"选项卡

在使用 Word 2016 制作和编辑表格时，可以直接插入 Excel 电子表格，并且插入的电子表格也具有数据运算的功能；也可以粘贴 Excel 电子表格，此时表格不具有 Excel 电子表格的运算功能。请读者自行实践，此处不再赘述。

（3）"图片"的插入。插入图片是一种常见的操作，单击"插入"选项卡中"插图"功能区组的"图片"，选取图片所在的位置以及文件名，如图 3-4 所示。单击"插入"按钮即可插到文档中光标位置处，之后可在"调整"功能区组中对其背景、更正、颜色效果等进行设置，在"大小"与"排列"功能区组中对大小、位置、排列等进行调整设置，如图 3-5 ～图 3-8 所示，也可进行图片样式设置等。

图 3-4　"插入图片"对话框

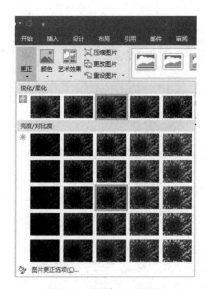

图 3-5　图片更正设置

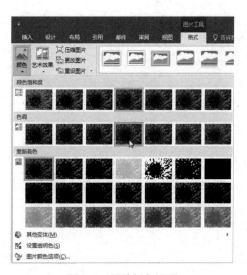

图 3-6　图片颜色设置

2. Word 2016 其他元素的插入

（1）"形状"对象的插入。Word 2016 文档中插入自选图形包括矩形、圆、线条、箭头、流程图、符号与标注等。在"插入"选项卡的"插图"功能区组中单击"形状"，参见实训二中图 2-18 进行相应操作，选取相应的图形符号在文档处拖动即可。可以多个图形组合，还可以在其中添加文字等。

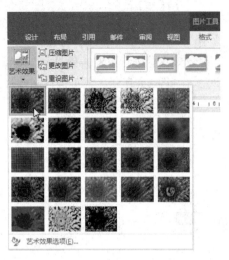

图 3-7　图片艺术效果设置

图 3-8　图片布局环绕

（2）SmartArt 图形的插入。借助 Word 2016 提供的 SmartArt 功能，用户可以在 Word 2016 文档中插入丰富多彩、图文并茂的 SmartArt 图形，从而轻松、快速、有效地传达信息。操作步骤如下：

① 打开 Word 2016 文档窗口，切换到"插入"选项卡中，在"插图"功能区组中单击 SmartArt 按钮。

② 在打开的"选择 SmartArt 图形"对话框中，在左侧的类别列表中选择合适的类别，然后在对话框中部单击选择需要的 SmartArt 图形，并单击"确定"按钮，如图 3-9 所示。

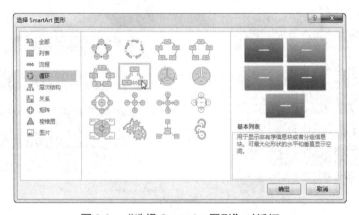

图 3-9　"选择 SmartArt 图形"对话框

③ 返回 Word 2016 文档窗口，在插入的 SmartArt 图形中单击文本占位符输入合适的文字即可，如图 3-10 所示。

④ 当创建好的 SmartArt 图形不能满足实际需要时，可在指定位置添加形状，还可以进行布局的更改，直到得到满意的图形为止。

（3）"文本框"对象的插入。通过使用 Word 2016 文本框，用户可以将 Word 文本很方便地放置到 Word 2016 文档页面的指定位置，而不必受到段落格式、页面设置等因素的影响。Word 2016 内置有多种样式的文本框供用户选择使用。

在 Word 2016 文档中插入文本框的方法如下：

打开 Word 2016 文档窗口，切换到"插入"选项卡，在"文本"功能区组中单击"文本框"按钮，如图 3-11 所示。在打开的内置文本框面板中选择合适的文本框类型，返回 Word 2016 文档窗口，所插入的文本框处于编辑状态，直接输入用户需要的文本内容即可。

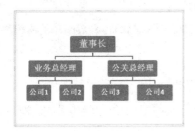

图 3-10　在 SmartArt 图形中输入文字

图 3-11　单击"文本框"按钮

（4）"艺术字"的插入。在 Word 2016 中，艺术字是一种包含特殊文本效果的绘图对象，可以对这种修饰性文字任意旋转角度、着色、拉伸或调整字间距等，以达到最佳艺术效果。插入艺术字时将光标定位到要插入艺术字的位置处，单击功能区的"插入"选项卡，在"文本"功能区组中单击"艺术字"，然后选择一种艺术字样式，如图 3-12 所示。文档中将自动插入含有默认文字"请在此放置您的文字"和所选样式的艺术字，并且将显示"绘图工具 - 格式"选项卡。

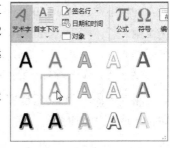

图 3-12　内置艺术字样式

选取内置的艺术字样式，并在文档处输入文字内容后，可修改艺术字效果。这时选择要修改的艺术字，单击"绘图工具 - 格式"选项卡，功能区组将显示艺术字的各类操作按钮。

在"形状样式"功能区组可以修改整个艺术字的样式，并可以设置艺术字形状填充、形状轮廓及形状效果；在"艺术字样式"功能区组可以对艺术字中的文字设置填充、轮廓及文字效果；在"文本"功能区组可以对艺术字文字设置链接、文字方向、对齐文本等操作；在"排列"功能区组可以修改艺术字的排列次序、环绕方式、旋转及组合；在"大小"功能区组可以设置艺术字的宽度和高度。此处不再赘述，请读者自行实践。

（5）"公式"的插入。在编辑科技性的文档时，通常需要输入数理公式，其中含有许多数学符号和运算公式。在 Word 2016 中包含编写和编辑公式的内置支持，可以满足日常大多数公式和数学符号的输入和编辑需求。

① 插入内置公式。Word 2016 内置了一些公式，供用户选择插入。

将光标置于需要插入公式的位置，单击"插入"选项卡的"符号"功能区组"公式"旁边的下拉按钮，然后单击"内置"公式下拉列表列出的所需公式。例如，选择"二项式定理"，立即在光标处插入相

应的公式 $(x+a)^n = \sum_{k=0}^{n} \binom{n}{k} x^k a^{n-k}$ 。

② 插入新公式。如果系统内置公式不能满足要求，用户可以自己编辑公式来满足需求。例如，输入如下公式：

$$B = \lim_{x \to 0} \frac{\int_0^x \cos^2 x \mathrm{d}x}{x}$$

第1步：在文档处定位光标，单击"插入"选项卡的"符号"功能区组"公式"旁边的下拉按钮，然后选择"内置"公式下拉列表列出的"插入新公式"命令，在光标处出现一个空白公式框，如图 3-13 所示。

第2步：选中空白公式框，Word 2016 会自动展开"公式工具 - 设计"选项卡，如图 3-14 所示。

图 3-13　空白公式框　　　　　　　　　图 3-14　"公式工具 - 设计"选项卡

第3步：先输入"B="，然后在"公式工具 - 设计"选项卡的"结构"功能区组中单击"极限和对数"按钮，选取"极限"样式。

第4步：利用方向控制键输入字符以及"公式工具 - 设计"选项卡的"结构"功能区组中的"分数""上下标""积分"来实现如上的公式。

（6）"符号"的插入。在使用 Word 2016 编辑文档时，常常需要在文档中插入一些符号。下面介绍在文档中插入 Word 2016 任意自带符号的方法。

第1步：打开 Word 2016 文档，单击"插入"选项卡，在"符号"功能区组中单击"符号"按钮，如图 3-15 所示，选择"其他符号"命令。

第2步：在"符号"对话框中单击"子集"下拉按钮，在下拉列表中选中合适的子集。

第3步：在"符号"选项卡中单击选中需要的符号。单击"插入"按钮。插入所有需要的符号后，单击"取消"按钮关闭"符号"对话框，如图 3-16 所示。

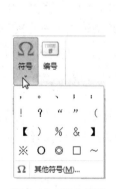

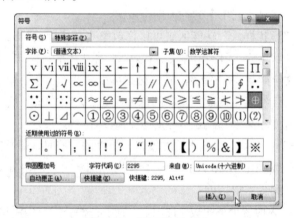

图 3-15　插入符号　　　　　　　　　图 3-16　"符号"选项卡

此外，Word 2016 文档还可插入图表、媒体、链接、批注等内容，Word 2016 文档可实现摘要与目录的自动生成等，请读者自行实践，这里不再赘述。

三、实训内容

打开文件夹"实训三素材"中的文档"素材 .docx"，按照要求完成下列操作并以文件名"结果 2.docx"保存文档。效果如图 3-17 所示。

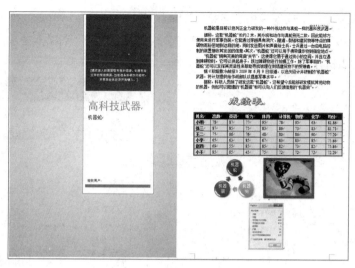

图 3-17 结果 2 样张图

四、实训要求

（1）在文档"素材 .docx"正文下方插入第 3 行第 4 列样式的艺术字"成绩表"，隶书，小初号字。

（2）制作 7 行 ×8 列的表格，输入你班 6 名同学 7 门课程的成绩，应用"网格表 4- 着色 1"的表格样式。

（3）在表格最后插入一列"均分"，并计算其值 (必须使用 AVERAGE 函数，参数为 LEFT)，然后按"均分"列递减排序表格内容。

（4）设置表格文字水平、垂直居中、表格列宽为 1.8 厘米、行高 0.6 厘米。

（5）设置表格外框线为 3 磅红色单实线，内框线为 1 磅黑色单实线；其中第一行的底纹设置为灰色 25%，其余为浅黄色（红色 255、绿色 255、蓝色 100）底纹。

（6）插入"基本循环"类型的 SmartArt 图形，内容如图 3-18 所示。应用第 1 种彩色和三维"优雅"样式效果；紧密型环绕；适当调整大小（高度 4 厘米，宽度 7 厘米），放置在正文前两段中间。

（7）插入图片"机器蛇 .jpg"，应用"简单框架，白色"图片样式，修改边框颜色为"标准色：红色"，衬于文字下方。

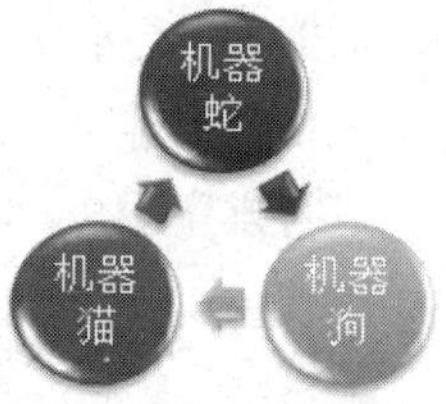

图 3-18 SmartArt 图形

（8）给第一段中的"高科技武器"添加拼音指南；统计文档字数，并将统计结果截图到文档最后。

（9）添加文字水印："机器蛇和高科技"，隶书，红色，半透明。

（10）插入封面为"奥斯汀"样式，输入标题为"高科技武器"，副标题为"机器蛇"。

五、实训步骤

（1）在文档"素材 .docx"正文下方插入第 3 行第 4 列样式的艺术字"成绩表"，隶书，小初号字。

艺术字设置：单击正文下方，输入"成绩表"并选择，单击"插入"选项卡中"字体"功能区组的"艺术字"，选择对应位置的样式，如图 3-19 所示；在"开始"选项卡中"字体"功能区组设置艺术字字体字号。

（2）制作 7 行 ×8 列的表格，输入你班 6 名同学 7 门课程的成绩，应用"网格表 4- 着色 1"的表格样式。

表格设置：单击"插入"选项卡中"表格"功能区组的"表格"，单击"插入表格"，输入对应行数和列数，如图 3-20（a）所示；单击表格，在"表格工具 - 设计"选项卡中单击"表格样式"功能区组选择对应位置的表格样式，如图 3-20（b）所示。

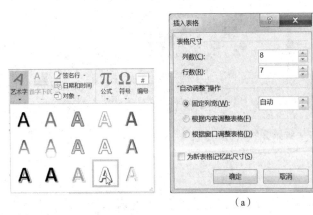
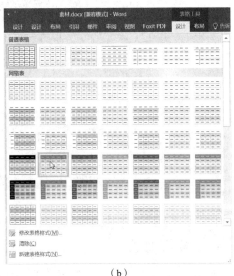

图 3-19　艺术字设置　　　　　　　　　图 3-20　插入表格设置

（3）在表格最后插入一列"均分"，并计算其值（必须使用 AVERAGE 函数，参数为 LEFT），然后按"均分"列递减排序表格内容。

表格中插入列：选取表格最后一列，右击，进行图 3-21 所示的操作完成表格列的插入，输入相应文本内容。

表格数据使用函数计算：在对应的单元格中单击图 3-22 所示的"公式"按钮，打开图 3-23 所示的对话框，进行平均值的计算。

表格数据排序：在对应的单元格中单击图 3-22 所示"排序"按钮，主要关键字选择"均分""降序"进行排序。

图 3-21　表格中插入列设置　　　　　　　图 3-22　表格中公式设置

（4）设置表格文字水平、垂直居中、表格列宽为 2.3 厘米、行高 0.6 厘米。

居中设置：水平居中使用"段落"中的"居中"即可，垂直居中可在"表格属性"对话框中设置，如图 3-24 所示。

表格列宽、行高设置：选取整个表格，在"表格工具 - 布局"选项卡中的"单元格大小"功能区组中进行设置，如图 3-25 所示；也可在"表格属性"对话框为"行""列"选项卡中进行设置。

图 3-23　表格中函数的使用　　　图 3-24　表格属性设置　　　图 3-25　表格中行高、列宽的设置

（5）设置表格外框线为 3 磅红色单实线，内框线为 1 磅黑色单实线；其中第一行的底纹设置为灰色 25%，其余为浅黄色（红色 255、绿色 255、蓝色 100）底纹。

内外边框线的设置：单击"表格工具设计"选项卡中的"边框"功能区组中的"边框"按钮，如图 3-26 所示，单击其"边框和底纹"，打开图 3-27 所示的对话框进行设置；还可以选取"表格工具 - 设计"选项卡中的"边框"功能区组中的"线型"与"笔颜色"，通过"边框刷"来完成。

图 3-26　表格边框设置　　　　　图 3-27　"边框和底纹"对话框

底纹的设置：选中表格第一行，在图 3-27 中，选择"底纹"选项卡，"图案"项中设置底纹，如图 3-28 所示；选中表格其余行，单击"边框"功能区组中的"底纹"按钮，单击"其他颜色"，在弹出的"颜色"对话框中进行底纹填充颜色设置，如图 3-29 所示。

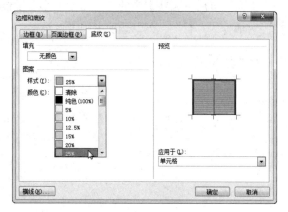

图 3-28　表格底纹图案样式设置

图 3-29　表格底纹填充色设置

（6）插入"基本循环"类型的 SmartArt 图形，内容如下所示：应用第 1 种彩色和三维"优雅"样式效果；紧密型环绕；适当调整大小（高度 4 厘米，宽度 7 厘米），放置在正文前两段中间。

SmartArt 图形选择设置：单击"插入"选项卡"插图"功能区组中的 SmartArt 按钮，弹出"选择 SmartArt 图形"对话框，单击"循环"类型的第一行第一个图形，如图 3-30 所示，删除（按【Delete】键）多余的两个圆形，填充文本内容。

SmartArt 图形效果设置：单击 SmartArt 图形，单击"SmartArt 工具 - 设计"选项卡"SmartArt 样式"功能区组中的"更改颜色"按钮，应用"彩色"的第一种颜色，如图 3-31 所示。单击"SmartArt 样式"功能区组右下方的三角按钮，单击三维"优雅"样式效果，如图 3-32 所示。单击"SmartArt 工具 - 格式"选项卡"排列"功能区组中的"文字环绕"按钮，选择"紧密型环绕"。

SmartArt 图形大小设置：单击 SmartArt 图形，在"SmartArt 工具 - 格式"选项卡"大小"功能区组中填对应高度和宽度；拖动 SmartArt 图形，将其放置在正文前两段中间。

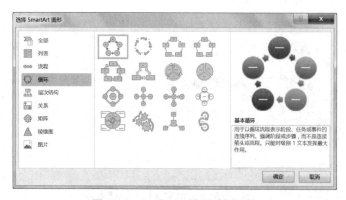

图 3-30　SmartArt 图形选择设置

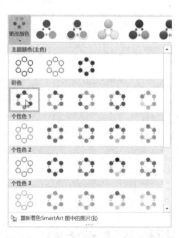

图 3-31　SmartArt 图形颜色设置

（7）插入图片"机器蛇.jpg"，应用"简单框架，白色"图片样式，修改边框颜色为"标准色：红色"，衬于文字下方。

插入图片设置：单击"插入"选项卡"插图"功能区组中的"图片"按钮，弹出"插入图片"对话框，选择"机器蛇.jpg"，单击右下角"插入"按钮，完成图片插入。

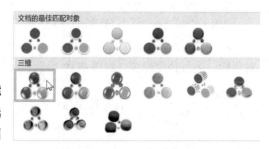

图 3-32　SmartArt 图形效果设置

图片样式设置：单击图片，单击"图片工具-格式"选项卡"图片样式"功能区组中第一行第一个样式，如图 3-33 所示；单击"图片边框"按钮，修改边框颜色。单击图片，单击"图片工具-格式"选项卡"排列"功能区组中的"环绕文字"按钮，选择"衬于文字下方"，如图 3-34 所示。

图 3-33　图片样式设置

图 3-34　图片文字环绕设置

（8）给第一段中的"高科技武器"添加拼音指南；统计文档字数，并将统计结果截图到文档最后。

添加拼音指南设置：选中第一段中的"高科技武器"，单击"开始"选项卡"字体"功能区组中的"拼音指南"按钮，如图 3-35 所示。

统计文档字数：单击"审阅"选项卡"校对"功能区组中的"字数统计"按钮，如图 3-36 所示。弹出"字数统计"对话框，如图 3-37 所示。

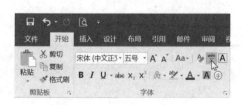

图 3-35　添加拼音指南设置

图 3-36　统计文档字数

截图：弹出"字数统计"对话框后，按【Alt+PrintScreen】组合键完成截图操作。光标移到文档最后按【Ctrl+V】组合键插入截图。

（9）添加文字水印"机器蛇和高科技"，隶书，红色，半透明。

添加文字水印设置：单击"设计"选项卡"页面背景"功能区组中的"水印"按钮，弹出"水印"对话框，进行相应设置，如图 3-38 所示。

图 3-37　"字数统计"对话框　　　　　　　　图 3-38　水印设置

（10）插入封面为"奥斯汀"样式，输入标题为"高科技武器"，副标题为"机器蛇"。

插入封面设置：单击"插入"选项卡"页面"功能区组中的"封面"按钮，单击"奥斯汀"样式，如图 3-39 所示；输入对应文本内容。

图 3-39　插入封面设置

六、实训延伸

下面简要描述 Word 2016 的功能，请读者多思考多操作，享受 Word 2016 带来的便利。

1. 导航窗格

利用 Word 2016 可以更加快捷地查询信息，方法如下：

单击主窗口上方的"视图"选项卡，在打开的"显示"功能区组中勾选"导航窗格"选项，即可在主窗口的左侧打开导航窗格。在导航窗格搜索框中输入要查找的关键字，单击后面的"放大镜"按钮，这时 Word 2016 中列出整篇文档所有包含该关键词的位置，搜索结果快速定位并高亮显示与搜索相匹配的关键词。

单击搜索框后面的"×"按钮即可关闭搜索结果，并关闭所有高亮显示的文字。将导航窗格中的功能标签切换到"页面"选项时，可以在导航窗格中查看该文档的所有页面缩略图，单击缩略图便能够快速定位到该页文档。

2. 屏幕截图

在 Word 文档中如需要插入屏幕截图时，一般都需要安装专门的截图软件，或者按【Print Screen】键完成。Word 2016 内置了屏幕截图功能，并可将截图即时插入到文档中。单击主窗口上方的"插入"选项卡，然后单击功能区组中的"屏幕截图"按钮，可直接截图到文档光标处。

3. 背景移除

使用 Word 2016 在文档中加入图片以后，用户还可以进行简单的抠图操作。首先在"插入"选项卡中选取"图片"插入图片；图片插入以后在打开的"图片工具 - 格式"选项卡中单击"调整"功能区组中的"删除背景"按钮，完成抠图效果，该方法方便快捷、简单实用。

4. 文本翻译

方法一：Word 2016 中内置文档翻译功能。首先使用 Word 2016 打开一篇带有英文的文档，然后单击主窗口上方的"审阅"选项卡，单击"语言"功能区组中的"翻译"按钮，然后在弹出的下拉列表中选择"翻译屏幕提示"选项，双击选中英文单词，光标置于选中文本区域内即可看到对应翻译结果。

方法二：选中要翻译的文本，在右键快捷菜单中选择"翻译"命令，在窗口右侧打开的信息检索窗格中则可显示所选文本的中英文互译结果。

5. 文字视觉效果

在 Word 2016 中用户可以为文字添加图片特效，例如阴影、凹凸、发光等效果，同时还可以对文字应用格式，从而让文字完全融入图片中，这些操作实现起来也非常容易，只需要单击几下即可。首先在 Word 2016 中输入文字，然后设置文字的大小、字体、位置等，然后选取文字，单击主窗口上方的 A˙ Aa˙ 按钮，实现文字视觉效果的改变。

6. 书法字帖

在 Word 2016 中用户可以实现书法字帖的编辑，单击"文件"菜单下的"新建"命令，选择"书法字帖"，选取需要的字体和文字添加到字帖内即可，如图 3-40 所示。

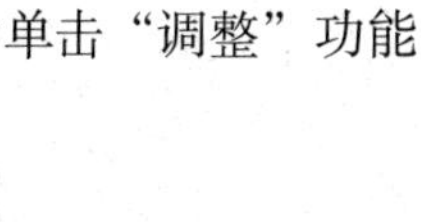

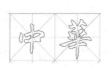

图 3-40　字帖设置

【习题】

1. 打开"实训三习题"中的"习题一"文件夹中的"素材文件 .docx"，按下列步骤进行操作。完成操作后，保存文档为"结果文件 1.docx"，并关闭 Word 应用程序。

注意：

文件中所需要的素材和样张均在"实训三习题"中的"习题一"文件夹下，做题时可参考样张图片。

（1）将标题文字（"中国片式元器件市场发展态势"）设置为"标题"样式，颜色为"标准色：深蓝"。

（2）将正文所有文字（"90年代……片式化率达80%。"）设置为仿宋、小四号字，1.5倍行距，段前0.5行。

（3）将蓝色文字"近年来中国片式元器件产量一览表（单位：亿只）"下面的文字转换成4列3行的表格，表格居中对齐，表格第一行底纹设置为"标准色：浅绿"。

（4）插入形状：星与旗帜类中的"卷形：水平"，形状高度为3厘米，宽度为10厘米，应用第4行第2列形状样式，并添加文字"中国电子元件市场分析"。

（5）页面背景颜色设置为主题颜色"茶色，背景2"，页面边框为艺术型第1个选项"苹果"。

（6）在"二极管"后插入尾注，尾注文字为MDD。

结果如样张图3-41所示。

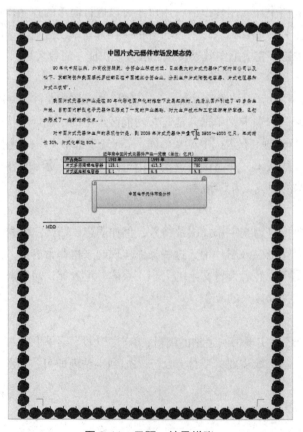

图3-41 习题一结果样张

2. 打开"实训三习题"中的"习题二"文件夹中的"素材文件.docx"，按下列步骤进行操作。完成操作后，保存文档为"结果文件2.docx"并关闭Word应用程序。

注意：

文件中所需要的素材和样张均在"实训三习题"中的"习题二级"文件夹下，做题时可参考样张图片。

（1）纸张大小为信纸；左、右页边距均为 1.5 厘米；插入空白（三栏）型页眉，依次添加文字"国际版""新华网""2013 年"。

（2）文档正标题应用"标题"样式，并修改样式名称为"正标题"，华文行楷、三号，段前段后间距均为 18 磅。副标题段落居中。

（3）文档第一段首字下沉 3 行，并将最后一句文字，黄色突出显示。第二段分为 3 栏，带分隔线。

（4）插入图片"男孩 .jpg"，添加红色图片边框，应用"发光：8 磅；蓝色，主题色 1"的图片效果，浮于文字上方。放置如样张所示的位置。

（5）插入形状"思想气泡：云"，添加文本"好好学习，天天向上。"，应用第 1 行第 2 列的形状样式，文字格式为幼圆、带着重号。

（6）文档最后 4 行文字转换为表格，表格宽度为 8 厘米，表格中的文字、数字均中部居中。放置如样张所示的位置。

结果如样张图 3-42 所示。

图 3-42　习题二结果样张

实训四
Excel 2016 基本操作

一、实训目的

（1）熟悉 Excel 2016 的窗口组成。

（2）掌握工作表中数据的输入方式与格式设置。

（3）掌握数据的移动、复制和选择性粘贴。

（4）掌握单元格及区域的插入和删除。

（5）掌握工作表的插入、删除和重命名。

（6）掌握工作表的复制和移动。

二、实训准备

1. 基本功能

Excel 2016 可以对数据进行编辑、格式化、图像化显示、趋势预测分析等，从而帮助用户做出更好决策。Excel 2016 电子表格文档的扩展名为 .xlsx，该格式的文件是随着 Excel 2007 被引入到 Office 产品中的，它是一种压缩包格式的文件。

2. 基本操作

（1）Excel 2016 工作界面。Excel 2016 工作界面与 Word 2016 相似，如图 4-1 所示。

（2）新建空白文档。运行 Excel 2016，打开"文件"菜单，选择"新建"命令，在右侧单击"空白工作簿"，就可以新建一个空白的表格，如图 4-2 所示。

（3）从模板新建文档。Excel 2016 中，可以使用系统自带的模板或搜索联机模板创建新的文档，也可以使用用户自己创建的自定义模板创建新的文档。如何在 Excel 2016 的模板中创建新的文档呢？

首先打开 Excel 2016，打开"文件"菜单，选择"新建"命令，在打开的窗口中有多种模板，单击所需要的模板即可创建，如图 4-3 所示。

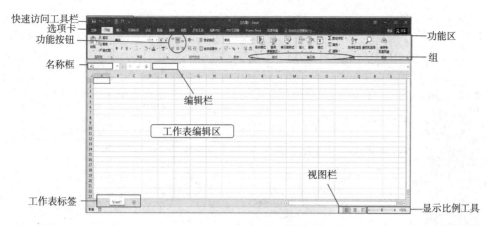

图 4-1　Excel 2016 工作界面

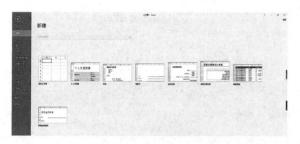

图 4-2　新建空白文档

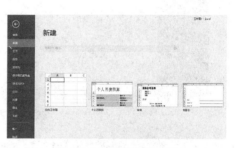

图 4-3　从模板新建文档

模板下载完成后可以看到图 4-4 所示的文档。

图 4-4　使用模板创建考勤卡文档

（4）文件保存方法。

方法一：

打开"文件"菜单，选择"保存"命令，如图 4-5 所示。

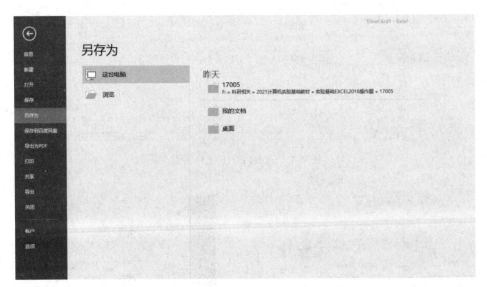

图 4-5　执行"保存"命令

选择"浏览"命令，在弹出的"另存为"对话框中，选择文件的保存位置及文件名，单击"保存"按钮，保存完成。

方法二：

按【Ctrl+S】组合键后可以弹出图 4-5 所示界面，按照上述步骤就可以进行文件保存。

在文档编辑过程中使用"定时保存"，能够每隔一段时间对文档自动保存，其操作方法如下：首先打开"文件"选项卡，选择"选项"命令，在"Excel 选项"对话框中选择"保存"选项，在右侧"保存自动恢复信息时间间隔"中设置所需要的时间间隔，如图 4-6 所示。

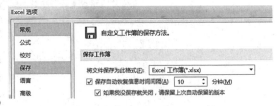

图 4-6　"Excel 选项"对话框

3．数据输入格式设置

（1）小数位数设置。在统计数据时，经常需要指定数值的小数位数，该如何设定数值的小数位数呢？首先选中需要更改的单元格，右击，在弹出的快捷菜单中选择"设置单元格格式"命令（或按【Ctrl+1】组合键），弹出对话框如图 4-7 所示。设置完成后就可以看到所有的数值都四舍五入为两位小数。

（2）货币格式设置。货币数字格式仅适用于单元格中的数据为货币数字的情况，设置为货币数字格式的单元格中将添加指定的货币符号。

① 打开工作簿窗口，选中需要设置货币数字格式的单元格。然后右击选中的单元格，在弹出的快捷菜单中选择"设置单元格格式"命令。

② 在打开"设置单元格格式"对话框中，切换到"数字"选项卡；在"分类"列表中选择"货币"选项，在右侧的"小数位数"微调框中设置小数位数（默认为 2 位），并根据实际需要在"货币符号"下拉列表中选择货币符号种类（货币符号列表中含有 390 种不同国家和地区的货币符号），然后在"负数"列表框中选择负数的表示类型，如图 4-8 所示，单击"确定"按钮。

图 4-7 数值数据小数位数设置

图 4-8 货币符号格式设置

（3）时间日期格式设置。Excel 2016 提供了 17 种日期数字格式和 9 种时间数字格式，例如中国常用的时间格式"2016 年 9 月 1 日"。在 Excel 2016 中设置日期和时间数字格式的步骤如下：

① 打开工作簿窗口，选中需要设置日期和时间数字格式的单元格，右击被选中的单元格，在弹出的快捷菜单中选择"设置单元格格式"命令。

② 在打开的"设置单元格格式"对话框中切换到"数字"选项卡，并在"分类"列表中选中"日期"或"时间"选项，然后在日期或时间类型列表中选择需要的日期或时间格式，如图 4-9 所示。

（4）分数格式设置。在 Excel 2016 工作表中，用户可以将被选中单元格中的小数设置为分数。在分数类别中，用户可以选择分母分别为 2、4、8、16、10 和 100 的分数，并且可以设置分母的位数（包括 1 位分母、2 位分母和 3 位分母）。

① 打开工作簿窗口，选中需要设置分数类型的单元格（数字格式），右击被选中的单元格，在弹出的快捷菜单中选择"设置单元格格式"命令。

② 在打开的"设置单元格格式"对话框中切换到"数字"选项卡，并在"分类"列表中选中"分数"选项；然后在分数类型列表中选择分数类型。例如，将小数 0.5567 设置为分数，选择"分母为一位数"时值为 5/9；选择"分母为两位数"时值为 50/97；选择"分母为三位数"时值同样为 50/97，这与计算结果有关；选择"以 2 为分母"时值为 1/2；选择"以 4 为分母"时值为 2/4；选择"以 8 为分母"时值为 4/8；选择"以 16 为分母"时值为 9/16；选择"以 10 为分母"时值为 6/10；选择"以 100 为分母"时值为 56/100。用户可以根据实际需要选择合适的分数类型，单击"确定"按钮，如图 4-10 所示。

（5）百分比格式设置。

① 打开工作表窗口，选中需要设置百分比数字格式的单元格。右击选中的单元格，在弹出的快捷菜单中选择"设置单元格格式"命令。

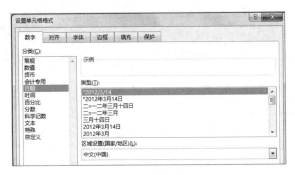

图 4-9　日期格式设置

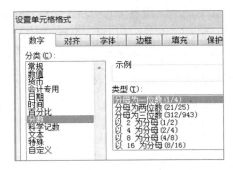

图 4-10　分数格式设置

② 在打开的"设置单元格格式"对话框中，切换到"数字"选项卡。在"分类"列表中选择"百分比"选项，并在右侧的"小数位数"微调框中设置保留的小数位数，单击"确定"按钮，如图 4-11 所示。

图 4-11　百分比格式设置

4．数据输入方式

（1）调整设置。

若要在单元格中自动换行，可选择要设置格式的单元格，然后在"开始"选项卡中的"对齐方式"功能区组中单击"自动换行"按钮。

若要将列宽和行高设置为根据单元格中的内容自动调整，请选中要更改的列或行，然后在"开始"选项卡上的"单元格"功能区组中单击"格式"按钮，在下拉列表的"单元格大小"区域中选择"自动调整列宽"或"自动调整行高"选项。

（2）输入数据。

单击某个单元格，然后在该单元格中输入数据，按【Enter】键或【Tab】键移到下一个单元格。若要在同一单元格中另起一行输入数据，则按【Alt+Enter】组合键输入一个换行符。

若要输入一系列连续数据，例如日期、月份或渐进数字，请在一个单元格中输入起始值，然后在下一个单元格中再输入一个值，建立一个模式。例如，如果要使用序列 1、2、3、4、5……请在前两个单元格中输入 1 和 2。选中包含起始值的单元格，然后拖动填充柄，涵盖要填充的整个范围。若要按升序填充，请从上到下或从左到右拖动；若要按降序填充，请从下到上或从右到左拖动。

（3）应用数据格式。

若要应用数字格式，可单击要设置数字格式的单元格，然后在"开始"选项卡中的"数字"功能区组中，单击"常规"旁的下拉按钮，从下拉列表中单击要使用的格式。

若要更改字体、字号，可选中要设置数据格式的单元格，然后在"开始"选项卡上的"字体"功能区组中，单击要使用的格式即可。

（4）数据导入。

在使用 Excel 2016 工作表的时候，有时需要把一些文件导入到 Excel 2016 工作表中，但是许多文本文件字符不是很规则，不易排列，可按以下方法进行处理：

① 运行 Excel 2016，单击"数据"选项卡，然后在最左边的"获取外部数据"功能区中单击"自文本"按钮。

②在"导入文本文件"对话框中选择需要导入的文件，单击"打开"按钮。

③打开"文本导入向导 - 步骤之 1（共 3 步）"对话框，从中选择"分隔符号"选项，单击"下一步"按钮。

④打开"文本导入向导 - 步骤之 2"对话框，添加分列线，单击"下一步"按钮。

⑤打开"文本导入向导 - 步骤之 3"对话框，在"列数据格式"组合框中选中"文本"单选按钮，然后单击"完成"按钮。

⑥在弹出的"导入数据"对话框中选择"新工作表"单选按钮，单击"确定"按钮，导入完成。

（5）单元格操作。

①插入操作：右击需要插入数据的单元格，在弹出的快捷菜单中选择"插入"命令，打开"插入"对话框，该对话框包含四个选项，如图 4-12 所示。

活动单元格右移：表示在选中单元格的左侧插入一个单元格。

活动单元格下移：表示在选中单元格上方插入一个单元格。

整行：表示在选中单元格的上方插入一行。

整列：表示在选中单元格的左侧插入一行。

②删除操作：右击需要删除数据的单元格，在弹出的快捷菜单中选择"删除"命令，打开"删除"对话框，该对话框包含四个选项，如图 4-13 所示。

右侧单元格左移：表示删除选中单元格后，该单元格右侧的整行向左移动一格。

下方单元格上移：表示删除选中单元格后，该单元格下方的整列向上移动一格。

整行：表示删除该单元格所在的一整行。

整列：表示删除该单元格所在的一整列。

（6）数据拖动。

在使用 Excel 2016 的时候，经常需要复制数据，或者是拖动数据到其他单元格，通常的做法是复制后粘贴。在 Excel 2016 中可通过单元格的"自动填充"功能，将单元格中的内容快速填充到其他单元格中。

打开 Excel 2016，执行"文件"选项卡，选择"选项"命令，在打开的"Excel 选项"对话框中单击"高级"按钮，在"编辑选项"中选中"启用填充柄和单元格拖放功能"复选框，单击"确定"按钮，如图 4-14 所示。

图 4-12　"插入"对话框

图 4-13　"删除"对话框

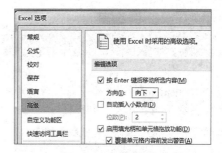

图 4-14　拖放功能选择

在 Excel 2016 编辑栏中输入任意一列数字，然后拖动它，即可实现数据拖动操作。

（7）格式刷使用。

使用"格式刷"功能可以将 Excel 2016 工作表中选中区域的格式快速复制到其他区域，既可将被选中区域的格式复制到连续的目标区域，也可将被选中区域的格式复制到不连续的多个目标区域。

①把格式复制到连续的目标区域。首先打开 Excel 2016 工作表窗口，选中含有格式的单元格区域，然后在"开始"选项卡的"剪贴板"功能区组中单击"格式刷"按钮，如图 4-15 所示。这时指针右边就会多出一个"刷子"，按住鼠标左键并拖动鼠标选择目标区域。松开鼠标左键后，格式将被复制到选中的目标区域。

②把格式复制到不连续的目标区域。若要将 Excel 2016 工作表所选区域的格式复制到不连续的多个区域中，首先选中含有格式的单元格区域，双击"开始"选项卡的"剪贴板"功能区组中的"格式刷"按钮。当鼠标指针呈现出一个加粗的 + 号和小刷子的组合形状时，分别拖动鼠标选择不连续的目标区域。完成复制后，按【Esc】键或再次单击"格式刷"按钮即可取消格式刷。

（8）行高列宽调整。

在 Excel 2016 中打开一个文档，选中需要调整列宽的单元格，切换到"开始"选项卡，单击"单元格"功能区组中的"格式"按钮，如图 4-16 所示，在打开的对话框中单击"自动调整列宽"选项。再返回到工作表中，选中单元格的列宽已经自动进行了调整。也可通过如下方法进行调整：选中需要调整列宽的单元格，将鼠标指针移到这一列的右上角，当指针变成左右带箭头的十字状时，双击即可完成列宽自动调整。行高的调整操作方法与列宽调整一样，在此不再赘述。

（9）行列转置。

打开工作表，选择需要转为列的行单元格区域，复制选中的行内容，切换到"开始"选项卡，在"剪贴板"功能区组中单击"复制"按钮，复制选中的内容，在工作区选择相应的列区域，再单击"粘贴"→"选择性粘贴"，在打开的"选择性粘贴"对话框中选中"转置"复选框，单击"确定"按钮，完成行列转置，如图 4-17 所示。

图 4-15 单击"格式刷"按钮

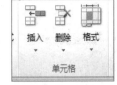
图 4-16 选择"格式"按钮

图 4-17 行列转置设置

三、实训内容

打开 Excel1.xlsx 文件，并完成相应操作，完成操作后，保存文档并关闭 Excel，效果如图 4-18 所示。

图 4-18　Excel1 结果图

四、实训要求

（1）删除表中第 I 列。

（2）将表中数据按相应格式输入。

要求：I2：I20（笔试成绩）、J2：J20（机试成绩）、K2：K20（平时成绩）数据保留 1 位小数；"开考时间"数据使用自动填充（填充柄）完成；设置 E2：E20（年龄）的数据验证，有效性条件为：允许整数，数据介于 16～20 之间；出错警告为"停止"，标题为"请修改"，错误信息为"年龄不能低于 16，高于 20"。

（3）在第一行上面插入一行；在 B1 单元格中输入内容为"21 级学生成绩表"，字体设置为"幼圆"，字号为 22，字体颜色为"深蓝，文字 2，淡色 40%"，加粗。

（4）将 B1：K1 区域合并单元格，水平对齐方式为"居中"，垂直对齐方式为"靠下"。

（5）设置 B2：K2 单元格区域填充色为"茶色，背景 2"；水平，垂直居中。

（6）将姓名列 B3：B21 区域水平对齐方式设置为"分散对齐（缩进）"。

（7）Sheet1 工作表中设置自动调整列宽；设置标题行（第 1 行）行高为 35，G 列列宽为 15。

（8）设置 B2：K21 外边框为双线，内框线为最细的单线，颜色均为"黑色，文字 1"。

（9）利用条件格式设置 K3：K21（平时成绩）为 32 分的单元格为"浅红填充色深红色文本"（其中 32 用单元格引用）。

（10）将 Sheet1 工作表中 B1：K21 区域中的数据复制到 Sheet2 中 A1 单元格起始处。

（11）在工作表 Sheet2 中，将 A2：J21 区域格式设置为自动套用格式第 3 行第 7 列（浅橙色，表样式浅色 21）。

（12）修改 Sheet1 名称为"学生成绩表"，标签颜色改为"标准色：红色"；将该工作表复制到 Sheet3 之前。

（13）插入一个新的工作表，并将该工作表移动到"学生成绩表"之前。

（14）删除 Sheet3 工作表。

（15）为"学生成绩表（2）"工作表设置居中页眉"学生成绩表"。

五、实训步骤

（1）删除表中第 I 列。

将鼠标指针放于第 I 列标签上，当出现向下的黑色实心箭头时右击，在弹出的快捷菜单中选择"删除"命令，即可将其删除，如图 4-19 所示。删除行的方法亦与此类似。

（2）将表中数据按相应格式输入。

要求：I2:I20（笔试成绩）、J2:J20（机试成绩）、K2:K20（平时成绩）数据保留 1 位小数；"开考时间"数据使用自动填充（填充柄）完成；设置 E2:E20（年龄）的数据验证，有效性条件为"允许整数，数据介于 16 ～ 20 之间"；出错警告为"停止"，标题为"请修改"，错误信息为"年龄不能低于 16，高于 20"。

① 数值数据的设置：选中 I2:K20 区域，右击，在弹出的快捷菜单中选择"设置单元格格式"命令（或按【Ctrl+1】组合键）如图 4-20 所示，在打开的"设置单元格格式"对话框中，选择"数字"选项卡，在"分类"列表框中选择"数值"选项，设置"小数位数"为 1 即可，如图 4-21 所示。

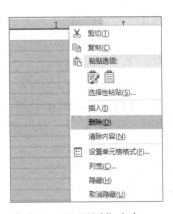

图 4-19　列"删除"命令

图 4-20　"设置单元格格式"命令

② 时间数据的设置：选中 G2:G20 区域，在"设置单元格格式"对话框中，选择"数字"选项卡中的"时间"，在"类型"选项中选中要求格式即可，如图 4-22 所示。

其他格式数据的输入方法同上。

③ 数据的自动填充：G2 单元格输入 8:30，G3 单元格输入 8:30:01，选中两个单元格，将鼠标指针移到 G3 单元格右下角，指针变成"黑色实心十字"时，按下鼠标左键不放拖动到 G20 单元格，放开鼠标左键即可完成序列填充。

④ 数据验证的设置：选中 E2:E20 区域，单击"数据"选项卡，在"数据工具"功能区组中选择"数据验证"→"数据验证"选项，如图 4-23 所示。

图 4-21 "数值"格式设置

图 4-22 "时间"格式设置

图 4-23 选择"数据验证"选项

　　在打开的对话框中，选择"设置"选项卡，"验证条件"下的"允许"设置为"整数"，"数据"下拉列表框中选择"介于"，"最小值"输入框中输入 16，"最大值"输入框中输入 20，如图 4-24 所示。

　　选择"出错警告"选项卡，在"样式"下拉列表框中选择"停止"，"标题"输入框中输入"请修改"，"错误信息"输入框中输入"年龄不能低于 16，高于 20"，如图 4-25 所示。

图 4-24 "数据验证"验证条件设置

图 4-25 "数据验证"出错警告设置

　　（3）在第一行上面插入一行；在 B1 单元格中输入内容为"21 级学生成绩表"，字体设置为"幼圆"，字号为 22，字体颜色为"深蓝，文字 2，淡色 40%"，加粗。

① 行插入：将鼠标指针放于第 1 行标签上，当出现向右的黑色实心箭头时右击，在弹出的快捷菜单中选择"插入"命令，即可在该行之前插入一行，如图 4-26 所示。插入列的方法亦与此类似。

② 标题格式设置：选中 B1 单元格，输入内容"21 级学生成绩表"，选中该单元格，在"开始"选项卡中完成相应字体、字号、字体颜色、加粗等设置，如图 4-27 所示。提示：字体颜色按照名称选择，方法与 Word 中一致，此处不再赘述。

图 4-26　行"插入"命令

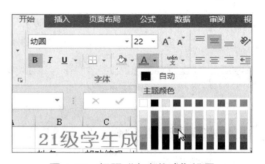

图 4-27　标题"文字格式"设置

（4）将 B1:K1 区域合并单元格，水平对齐方式为"居中"，垂直对齐方式为"靠下"。

选中 B1:K 1 单元格区域，在"开始"选项卡，"对齐方式"功能区组中单击"合并后居中"按钮，如图 4-28 所示。

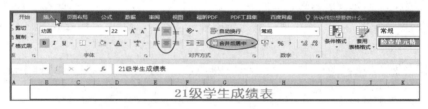

图 4-28　标题单元格"合并后居中"设置

（5）设置 B2:K2 单元格区域填充色为"茶色，背景 2"，水平，垂直居中。

① 方法一：选中 B2:K2 单元格区域，在"开始"选项卡"字体"功能区组中单击 "填充颜色"按钮右侧的下拉按钮，在弹出的调色板中按名称选择需要的颜色即可，如图 4-29 所示。

② 方法二：选中 B2:K2 单元格区域，在"设置单元格格式"对话框中，选择"填充"选项卡中的"背景色"，按照需要进行颜色的选取即可。

水平：垂直居中方法同（4）中所述。

注意：

底纹填充效果（双色渐变色）、图案颜色等功能请自行练习。

（6）将姓名列 B3:B21 区域水平对齐方式设置为"分散对齐（缩进）"。

选中 B3:B21 区域，在"设置单元格格式"对话框中，单击"对齐"选项卡中的"水平对齐"下拉按钮，在弹出的对话框中选择"分散对齐（缩进）"选项即可，如图 4-30 所示。

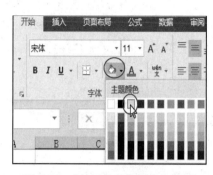

图 4-29 "单元格背景颜色"设置

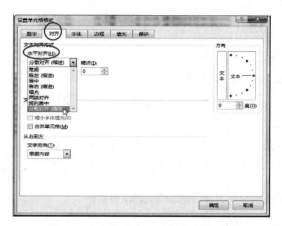

图 4-30 文字"水平对齐方式"设置

（7）Sheet1 工作表中设置自动调整列宽；设置标题行（第 1 行）行高为 35，G 列列宽为 15。

① 选中 B2:K21 区域，在"开始"选项卡，"单元格"功能区组中单击"格式"按钮下面的下拉按钮，选择"自动调整列宽"即可，如图 4-31 所示。

② 将鼠标指针放于第 1 行标签上右击，在弹出的快捷菜单中选择"行高"命令，在弹出的"行高"对话框中输入 35，如图 4-32 和图 4-33 所示。

③ 列宽设置方法同行高设置。

图 4-31 "自动调整列宽"命令

图 4-32 "行高"命令

图 4-33 "行高"对话框

注意：

如果对行高（列宽）没有具体值的设置，可以将鼠标指针放置到需要设置行高（列宽）的行标签（列标签）分界线处，当指针变成双向箭头形状的时候，按下鼠标左键不放拖动到适当行高（列宽）即可。

（8）设置 B2:K21 外边框为双线，内框线为最细的单线，颜色均为"黑色，文字 1"。

边框设置：选中 B2:K21 区域，右击，选择"设置单元格格式"命令，在打开的"设置单元格格式"对话框中，选择"边框"选项卡，进行相应设置，如图 4-34 所示。

注意:

从左到右设置,先选"线条样式"为"双线","颜色"为"黑色,文字1",然后单击"外边框"按钮,内边框设置同此方法。

(9)利用条件格式设置 K3:K21(平时成绩)为 32 分的单元格为"浅红填充色深红色文本"(其中 32 用单元格引用)。

条件格式的使用:选中 K3:K21 区域,选择"开始"选项卡"样式"功能区中的"条件格式"下拉按钮,选择"突出显示单元格规则"→"等于"命令,如图 4-35 所示。

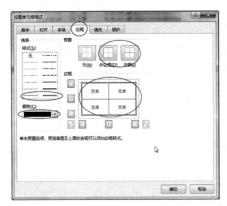

图 4-34 "边框"选项卡

图 4-35 "条件格式"按钮

在打开的"等于"对话框中进行相应的设置,如图 4-36 所示。

注意:

① 32 值的选取方式为 32 数值所在单元格的引用。

②如若下拉列表中没有所要求的格式,可选择"自定义格式"设置。

③条件格式的设置还有对符合要求的数据设置下画线、加粗效果、单元格底纹、数据条渐变填充、数据条实心填充蓝色数据条、色阶修饰、排名前几位设置字体颜色等操作,请自行练习。

(10)将 Sheet1 工作表中 B1:K21 区域中的数据复制到 Sheet2 中 A1 单元格起始处。

这里的复制要求包含源格式。

包含源格式复制:选中 B1:K21 区域,利用键盘【Ctrl +C】键进行复制操作,打开 Sheet2 工作表,选中 A1 单元格,在 A1 单元格中右击,选择"选择性粘贴"→"粘贴"分组中的"保留源列宽"命令,如图 4-37 所示。

注意:

①利用键盘【Ctrl +V】键进行粘贴操作等同于选择"保留源格式",此时复制的表格列宽会发生改变。

②不包含源格式复制:在右键快捷菜单中,选择"选择性粘贴"→"粘贴数值"分组中的"值"命令。其他的复制方式(如转置等)请自行练习查看效果。

图 4-36　"等于"对话框内容设置

图 4-37　带格式复制

（11）在工作表 Sheet2 中，将 A2:J21 区域格式设置为自动套用格式第 3 行第 7 列（浅橙色，表样式浅色 21）。

选中 A2:J21 区域，单击"开始"选项卡"样式"功能区"套用表格格式"下拉按钮，选择"表样式浅色 21"，如图 4-38 所示。

在"套用表格式"对话框中，将"表数据的来源"设为"=$A$2:$J$21"（如若提前选中过要设置的区域，这里可以略过），选中复选框"表包含标题"，如图 4-39 所示。设置后的效果如图 4-40 所示。

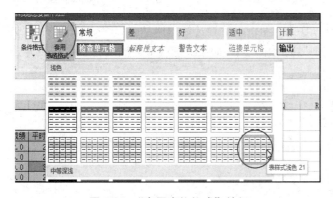

图 4-38　"套用表格格式"按钮

图 4-39　"套用表格式"对话框

A	B	C	D	E	F	G	H	I	J
					21级学生成绩表				
姓名	邮政编码	出生年月	年龄	班级	开学时间	准考证号	笔试成绩	机试成绩	平时成绩
李振立	030000	2003/1/2	18	一班	8:30:00 AM	2002052508000EE0044	32.0	22.0	20.0
李新平	031400	2001/11/22	20	三班	8:30:01 AM	2002052508000EE0045	22.0	26.0	27.0
霍红星	033000	2002/12/25	19	二班	8:30:02 AM	2002052508000EE0046	30.0	30.0	32.0
卢国清	030100	2003/4/24	18	一班	8:30:03 AM	2002052508000EE0047	17.0	19.0	20.0
未俊香	031500	2002/10/10	19	三班	8:30:04 AM	2002052508000EE0048	30.0	20.0	30.0
张保国	033100	2002/9/12	19	一班	8:30:05 AM	2002052508000EE0049	26.0	30.0	20.0
肖振朝	030800	2003/7/12	18	二班	8:30:06 AM	2002052508000EE0050	15.0	30.0	20.0
王靖明	030200	2003/6/13	18	三班	8:30:07 AM	2002052508000EE0051	22.0	22.0	12.0
许合庆	031600	2003/5/24	18	一班	8:30:08 AM	2002052508000EE0052	19.0	30.0	21.0
马延凤	033200	2002/11/15	19	二班	8:30:09 AM	2002052508000EE0053	19.0	2.0	7.0
牛春海	035500	2003/8/16	18	二班	8:30:10 AM	2002052508000EE0054	21.0	26.0	27.0
付志兴	030300	2003/3/17	18	一班	8:30:11 AM	2002052508000EE0055	33.0	32.0	30.0
未俊香	031700	2002/10/28	19	三班	8:30:12 AM	2002052508000EE0056	27.0	22.0	19.0
张保国	033300	2003/2/19	18	二班	8:30:13 AM	2002052508000EE0057	22.0	18.0	22.0
阎思军	036100	2003/1/25	18	二班	8:30:14 AM	2002052508000EE0058	17.0	30.0	20.0
董文生	030500	2003/7/21	18	二班	8:30:15 AM	2002052508000EE0059	20.0	21.0	12.0
陆利广	032100	2003/8/20	18	一班	8:30:16 AM	2002052508000EE0060	18.0	30.0	20.0
薛红亮	036200	2002/10/23	19	三班	8:30:17 AM	2002052508000EE0061	20.0	25.0	19.0
牛春海	034000	2003/7/24	18	一班	8:30:18 AM	2002052508000EE0062	26.0	28.0	20.0

图 4-40　"浅橙色，表样式浅色 21"效果

（12）修改 Sheet1 名称为"学生成绩表"，标签颜色改为"标准色：红色"；将该工作表复制到 Sheet3 之前。

① 工作表重命名：选中 Sheet1 工作表，右击，在右键菜单中选择"重命名"命令（或双击），反白显示，修改名称输入"学生成绩表"之后，在工作表任意位置单击，如图 4-41 和图 4-42 所示。

② 工作表标签颜色设置：选中"学生成绩表"标签，右击，在弹出的快捷菜单中选择"工作表标签颜色"命令，在弹出的调色板中按名称选择需要的颜色即可，如图 4-43 所示。

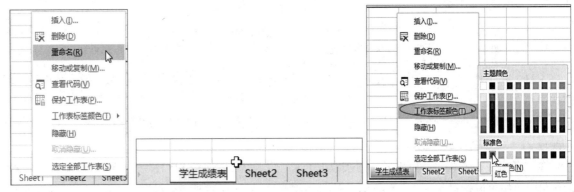

图 4-41　工作表"重命名"按钮　　图 4-42　工作表名称输入　　　　图 4-43　工作表标签颜色设置

③ 工作表复制：选中"学生成绩表"工作表，右击，选择"移动或复制"命令，在"移动或复制工作表"对话框中，在"下列选定工作表之前"选项中选择 Sheet3，选中复选框"建立副本"，单击"确定"按钮，如图 4-44 和图 4-45 所示。

图 4-44　"移动或复制工作表"对话框

图 4-45　"学生成绩表"复制之后"学生成绩表 (2)"

（13）插入一个新的工作表，并将该工作表移动到"学生成绩表"之前。

① 插入工作表：单击工作表右侧的"新工作表"按钮，即可插入新工作表 Sheet1，如图 4-46 和图 4-47 所示。

② 移动工作表：在图 4-44 中，按要求设置好相关内容，不选中"建立副本"复选框，即为移动工作表。

☕ **注意：**

对工作表的操作可以参考对文件的操作。移动可以通过拖动的方式实现，复制可以通过按住【Ctrl】

键拖动鼠标的方式实现。

图 4-46 插入工作表

图 4-47 插入工作表后效果

（14）删除 Sheet3 工作表。

选中 Sheet3 工作表，右击，在弹出的快捷菜单中选择"删除"命令，即可删除选中工作表。

（15）为"学生成绩表（2）"工作表设置居中页眉"学生成绩表"。

选中"学生成绩表（2）"工作表，在"页面布局"选项卡中，单击"页面设置"功能区组右下角的"页面设置"按钮，如图 4-48 所示。在打开的"页面设置"对话框中，选择"页眉/页脚"选项卡，单击"自定义页眉"按钮，如图 4-49 所示。在打开的"页眉"对话框相应位置输入"学生成绩表"，如图 4-50 所示，居中页眉完成。

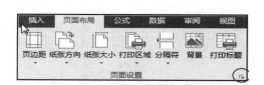

图 4-48 "页面设置"按钮

图 4-49 "页面设置"对话框

注意：

页眉和页脚并不是实际工作表的一部分，其不显示在普通视图中，但打印预览可以看到，或者在"页面布局"视图下也可以看到，如图 4-51 所示。更详细的设置请大家参考相关书籍，这里不再赘述。

图 4-50 "页眉"对话框

图 4-51 "页面布局"视图效果

六、实训延伸

1. 开发工具

"开发工具"在 Excel 2016 中稍有改进,与 Excel 2010 不同的就是按钮位置的改变,"加载项"功能区组中增加了"Excel 加载项"。在默认情况下,菜单中不显示"开发工具"选项卡,需要用户自行设置。设置方法:单击"文件"→"选项",打开 Excel"选项"窗口,在"自定义功能区"选项中,勾选"主选项卡"下的"开发工具"复选框,最后单击"确定"按钮即可,如图 4-52 所示。

图 4-52　开发工具设定

使用"开发工具"的"控件"项中的"复选框"按钮可以在 Excel 2016 工作表中插入经常使用的复选框。

2. 按【Ctrl+E】组合键实现快速填充

从 Excel 2013 开始新增了"快速填充"功能(快捷键为【Ctrl+E】)。通常的处理方法为先给定一个规则,然后按【Ctrl+E】组合键即可完成快速填充。例如,快速拆分学号和姓名,先在 B1 和 C1 单元格分别输入第一个人的学号和姓名,如图 4-53 所示。选择学号下方第一个单元格 B2,按【Ctrl+E】组合键即可实现学号的快速填充,姓名列方法同学号列,如图 4-54 所示。同样也可以使用【Ctrl+E】组合键实现合并后填充。

▲	A	B	C
1	20170012001张三	20170012001	张三
2	20170012002李四		
3	20170012003王刚		
4	20170012004张为		
5	20170012005赵辉		
6	20170012006周州		

图 4-53　数据输入

▲	A	B	C
1	20170012001张三	20170012001	张三
2	20170012002李四	20170012002	李四
3	20170012003王刚	20170012003	王刚
4	20170012004张为	20170012004	张为
5	20170012005赵辉	20170012005	赵辉
6	20170012006周州	20170012006	周州

图 4-54　快速填充

3．Excel 2016 的内置插件

Excel 2016 增加了 Power Map、Power Query 等插件。

Power Map 插件能够以三维地图的形式编辑和播放数据演示。使用三维地图，可以绘制地理和临时数据的三维地球或自定义的映射，创建可以与其他人共享的直观漫游。

"数据"选项卡增加了 Power Query 工具，也即"获取和转换"功能区组，在这里用户可以跨多种源查找和连接数据，从多个日志文件导入数据等。

【习题】

1. 打开 Excel2.xlsx 文件，按照以下操作补充完成数据统计分析，完成效果如图 4-55 和图 4-56 所示。

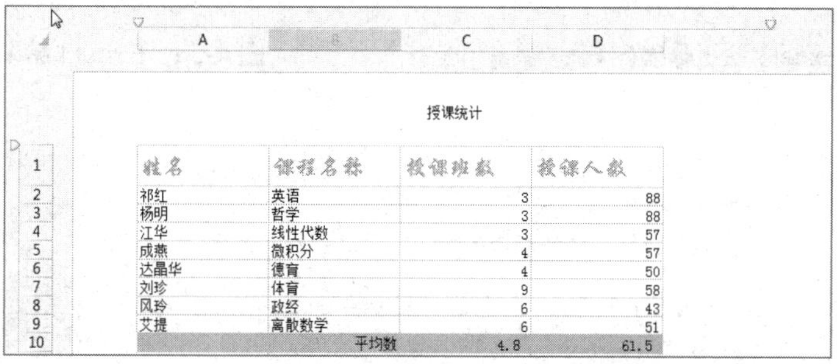

姓名	课程名称	授课班数	授课人数
祁红	英语	3	88
杨明	哲学	3	88
江华	线性代数	3	57
成燕	微积分	4	57
达晶华	德育	4	50
刘珍	体育	9	58
风玲	政经	6	43
艾提	离散数学	6	51
平均数		4.8	61.5

图 4-55　Excel2 结果图（1）

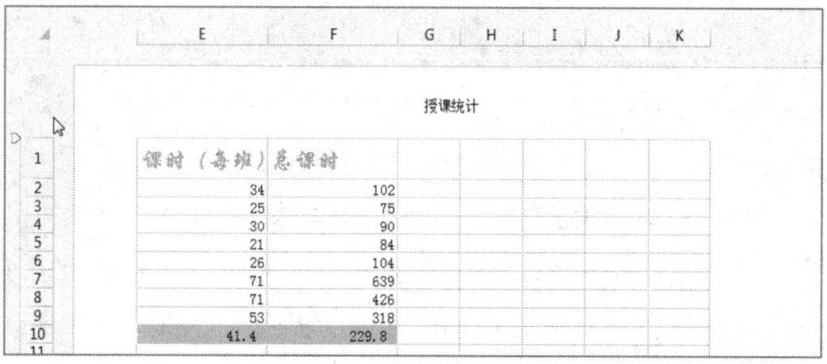

课时（每班）	总课时
34	102
25	75
30	90
21	84
26	104
71	639
71	426
53	318
41.4	229.8

图 4-56　Excel2 结果图（2）

（1）将 Sheet1 重命名为"授课统计表"，删除 Sheet2、Sheet3 工作表。

（2）设置 A1:F1 区域字体华文行楷，18 号，标准色 绿色，行高 30，列宽 18；A10:B10 合并单元格，右对齐，A10:F10 填充为"标准色 浅绿"。

（3）用公式计算总课时，总课时＝授课班数×课时（每班）；用函数计算授课班数、授课人数、课时（每班）、总课时每列的平均数，结果保留 1 位小数。

（4）设置 D2:D9 数据验证为"只允许输入大于或等于 10 的整数"，出错警告标题为"人数出错"，错误信息为"班级人数不少于 10 人"。

（5）设置居中页眉"授课统计"。

注意：

只能在原有工作表基础上完成题目，请不要删除、增加工作表或调整工作表的位置。

2. 打开工作簿文件 Excel3.xlsx，如图 4-57 所示。执行下列操作后结果如图 4-58 ～图 4-60 所示。

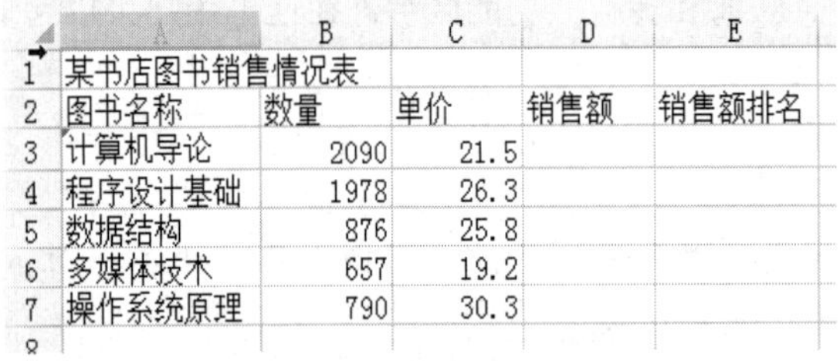

	A	B	C	D	E
1	某书店图书销售情况表				
2	图书名称	数量	单价	销售额	销售额排名
3	计算机导论	2090	21.5		
4	程序设计基础	1978	26.3		
5	数据结构	876	25.8		
6	多媒体技术	657	19.2		
7	操作系统原理	790	30.3		

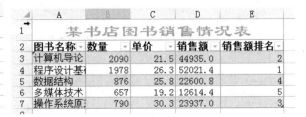

图 4-57　Excel3 源工作表内容

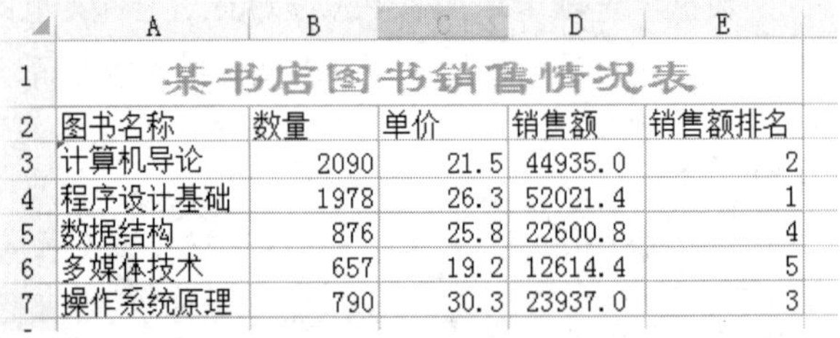

	A	B	C	D	E
1	某书店图书销售情况表				
2	图书名称	数量	单价	销售额	销售额排名
3	计算机导论	2090	21.5	44935.0	2
4	程序设计基础	1978	26.3	52021.4	1
5	数据结构	876	25.8	22600.8	4
6	多媒体技术	657	19.2	12614.4	5
7	操作系统原理	790	30.3	23937.0	3

图 4-58　Excel3 结果图（1）

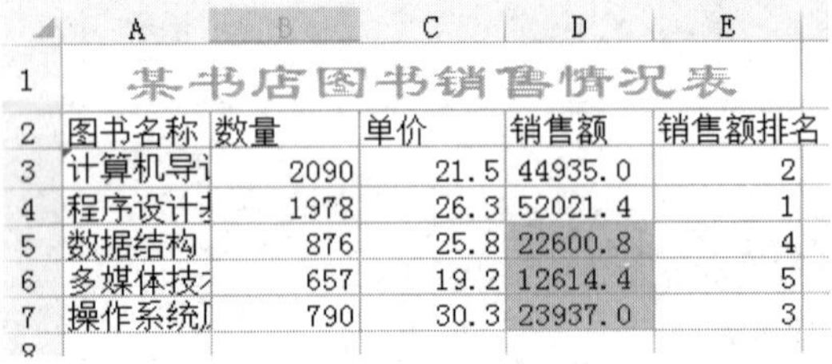

	A	B	C	D	E
1	某书店图书销售情况表				
2	图书名称	数量	单价	销售额	销售额排名
3	计算机导i	2090	21.5	44935.0	2
4	程序设计	1978	26.3	52021.4	1
5	数据结构	876	25.8	22600.8	4
6	多媒体技	657	19.2	12614.4	5
7	操作系统	790	30.3	23937.0	3

图 4-59　Excel3 结果图（2）

	A	B	C	D	E
1	某书店图书销售情况表				
2	图书名称	数量	单价	销售额	销售额排名
3	计算机导论	2090	21.5	44935.0	2
4	程序设计基	1978	26.3	52021.4	1
5	数据结构	876	25.8	22600.8	4
6	多媒体技术	657	19.2	12614.4	5
7	操作系统原	790	30.3	23937.0	3

图 4-60　Excel3 结果图（3）

（1）将 Sheet1 工作表命名为“销售统计表”。

（2）将 A1:E1 单元格合并后居中，字体设置为“隶书”，字号为“22”，字体颜色为“标准色：绿色”，垂直对齐方式为“居中”。

（3）使用公式计算“销售额”列（D3:D7），销售额 = 单价 × 数量，结果为数值型，保留一位小数；使用 RANK 函数按销售额的递减顺序给出“销售额排名”列的内容，结果放在 E3:E7。

（4）A1:E7 区域设置内外边框线颜色为“标准色：浅蓝色”，样式为细实线。

（5）将销售统计表中 A1:E7 区域复制到 Sheet2 中 A1 单元格起始处，然后利用条件格式将 D3:D7 单元格区域内数值小于 40000 的单元格设置为浅红填充色深红色文本。

（6）将销售统计表中 A1:E7 区域复制到 Sheet3 中 A1 单元格起始处，然后将 A2:E7 区域格式设置为自动套用格式“浅橙色，表样式浅色 21”。

实训五

Excel 2016 数据处理与分析

一、实训目的

（1）掌握公式和函数的使用。

（2）掌握数据列表的排序与筛选。

（3）掌握数据列表的分类汇总。

（4）掌握图表的创建与编辑。

（5）掌握图表的格式化。

二、实训准备

1. 公式的使用

输入公式必须以等号"="开始，例如"= B2+C2"，此时 Excel 2016 将其当作公式处理。如图 5-1 所示，在 Excel 2016 工作表 A1:C3 区域输入了两名学生的成绩。

若在 D2 单元格中存放王大伟的各科总分，就要将王大伟的高等数学、大学英语的分数求和，然后放到 D2 单元格中，因此在 D2 单元格中输入"= B2+C2"，具体方法如下：

选定要输入公式的"D2"单元格，输入等号"="，如图 5-2 所示。

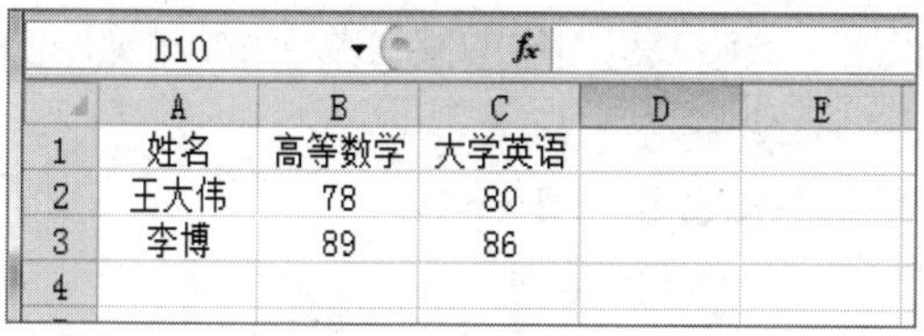

	A	B	C	D	E
1	姓名	高等数学	大学英语		
2	王大伟	78	80		
3	李博	89	86		
4					

图 5-1　数据的输入

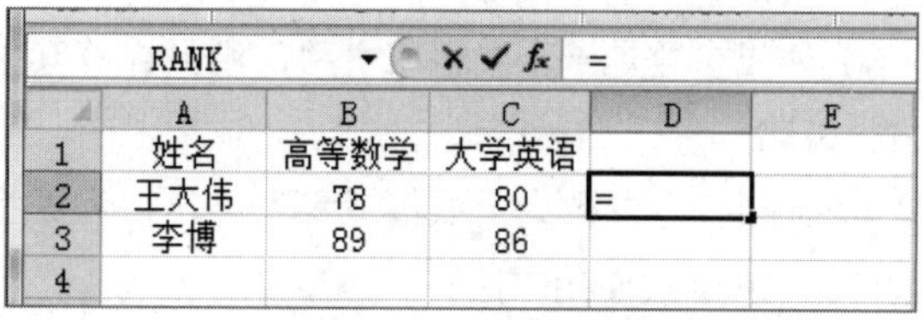

	A	B	C	D	E
1	姓名	高等数学	大学英语		
2	王大伟	78	80	=	
3	李博	89	86		
4					

图 5-2　公式"="输入

接着输入"="之后的内容，单击 B2 单元格，Excel 便会将 B2 输入到公式中，如图 5-3 所示。

输入"+"，然后选取 C2 单元格，此时公式的内容便输入完成，如图 5-4 所示。

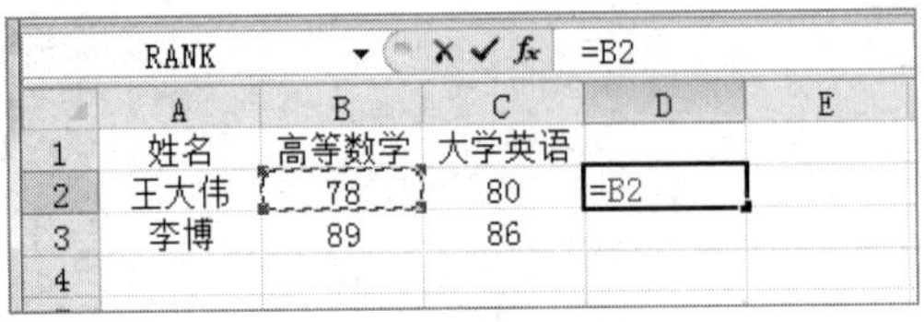

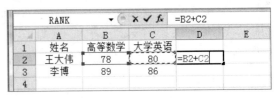

图 5-3　公式单元格选取

图 5-4　公式其他内容输入

最后单击"编辑栏"左边的"确认"按钮√或按【Enter】键，公式计算的结果立即显示在 D2 单元格中，如图 5-5 所示。

2．函数的使用

（1）函数的基本概念。Excel 2016 中所提的函数其实是一些预定义的公式，一般使用参数按特定的顺序或结构进行计算，得出所需结果。Excel 函数一共有 13 类，分别是数据库函数、日期与时间函数、工程函数、财务函数、信息函数、逻辑函数、查询与引用函数、数学与三角函数、统计函数、文本函数多维数据集函数、兼容性函数以及 Web 函数。

图 5-5　公式计算结果

（2）函数参数。参数可以是数字、文本、形如 TRUE 或 FALSE 的逻辑值、数组、形如 #N/A 的错误值或单元格引用。给定的参数必须能产生有效的值。参数不仅仅是常量、公式或函数，还可以是数组、单元格引用等。

（3）单元格引用与常量。单元格引用用于表示单元格在工作表所处位置的坐标值。例如，显示在第 B 列和第 3 行交叉处的单元格，其引用形式为 B3。

常量是直接输入到单元格或公式中的数字或文本值，或由名称所代表的数字或文本值。例如，日期 10/9/96、数字 210 和文本 Quarterly Earnings 都是常量。公式或由公式得出的数值都不是常量。

（4）SUM 函数使用方法。SUM 函数的表达式为：

```
SUM(number1,number2,…)
```

其中，参数 number1, number2, … 为需要求和的数值（包括逻辑值及文本表达式）、区域或引用。参数表中的数字、逻辑值及数字的文本表达式可以参与计算，逻辑值被转换为 1 或 0，文本被转换为数字。

在使用 SUM 函数时需要注意以下几点：

① 函数中多个参数之间必须输入半角逗号作为间隔，否则将会出现运算错误。

② 如果参数是一个数组或引用，则只计算其中的数字。数组或引用中的空白单元格、逻辑值或文本将被忽略。

③ 如果任意参数为错误值或为不能转换为数字的文本，Excel 将会显示错误。

（5）IF 函数使用方法。

IF 函数的表达式为：

```
IF(logical_test,[value_if_true],[value_if_false])
```

logical_test 参数是测试表达式；若测试表达式成立则 IF 函数的值为参数 value_if_true 的值，若测试表达式不成立则 IF 函数的值为参数 value_if_false 的值，参考图 5-6 学习 IF 函数。

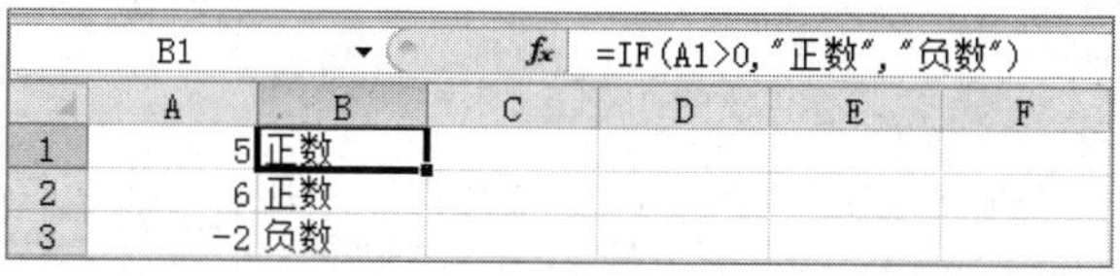

图 5-6　IF 函数示例一

如图 5-6 所示，在 B1 单元格内输入 "=IF(A1>0," 正数 "," 负数 ")" 即可判断 A 列数值的正负。

注意：

最多可用 64 个 IF 函数作为 value_if_true 和 value_if_false 参数进行嵌套，参数嵌套如图 5-7 所示。

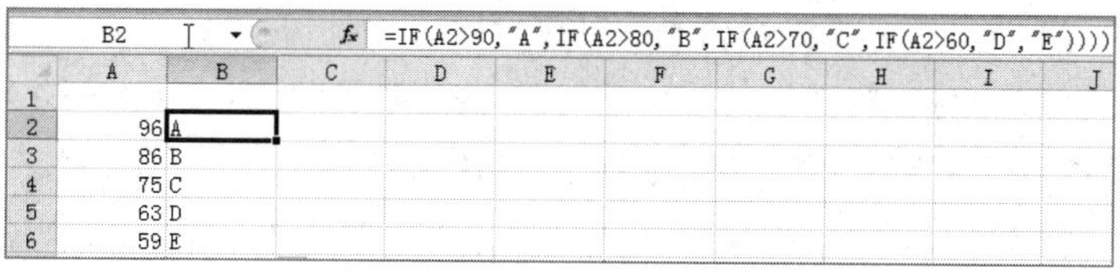

图 5-7　IF 函数示例二

在 B2 单元格中输入 "=IF(A2>90,"A",IF(A2>80,"B",IF(A2>70,"C",IF(A2>60,"D","E"))))" 即可。

（6）COUNTIF 函数使用方法。COUNTIF 函数是 Excel 2016 中对指定区域中符合指定条件的单元格计数的一个函数。该函数的语法规则如下：

```
COUNTIF(range,criteria)
```

参数 range：计算非空单元格数目的区域；参数 criteria：以数字、表达式或文本形式定义的条件。

（7）AVERAGE 函数使用方法。该函数功能是计算平均值，返回值为平均值。

该函数的语法规则如下：

```
AVERAGE(number1,number2,…)
```

其中：number1，number2, ... 是要计算平均值的 1 ～ 255 个参数。

若 A1:A5 命名为 chengji，其中的数值分别为 20、14、18、54 和 4，则 AVERAGE(A1:A5) 等于 22，AVERAGE(chengji) 等于 22，AVERAGE(A1:A5, 10) 等于 20。

（8）MAX 函数、MIN 函数使用方法。MAX 函数是 Excel 2016 中对指定区域中的单元格求最大值的一个函数，其语法规则如下：

```
MAX(number1,number2,…)
```

参数：number1,number2,... 是需要找出最大数值的 1 ～ 255 个数值。

若 A1:A5 包含数字 20、14、18、54 和 4，则 MAX(A1:A5) 等于 54，MAX(A1:A5,60) 等于 60，若 A1=70、A2=80、A3=72、A4=40、A5=90、A6=83、A7=99，则公式 "= Max(A1:A7)" 值为 99。

MIN 函数是 Excel 2016 中对指定区域中的单元格求最小值的一个函数。其语法规则如下：

```
MIN(number1,number2,…)
```

参数：number1, number2,... 是要从中找出最小值的 1 ～ 255 个数字参数。

若 A1:A5 中依次包含数值 20、14、18、54 和 4，则 MIN (A1:A5) 等于 4，MIN (A1:A5, 0) 等于 0。

（9）COUNT 函数使用方法。COUNT 函数的功能是计算参数列表中的数字项的个数，其语法规则如下：

```
COUNT(value1,value2,…)
```

参数：value1, value2, ... 是各种类型数据（1 ~ 255 个），但只有数字类型的数据才被计数。

若在单元格输入"=COUNT (B1,D1)"，则计算 B1 和 D1 两个单元格中有几个数字，若输入"=COUNT (B1:D1)"，则计算 B1 单元格到 D1 单元格中数字的个数，若输入"=COUNT ("B1","D1","123","hello")"，则结果为 1，因为只有 "123" 一个数字，B1 和 D1 因为加了引号，是字符串不作为数字计数。

（10）RANK 函数使用方法。RANK 函数是 Excel 2016 中的一个统计函数，其功能是求某一个数值在某一区域内的排名。其语法规则如下：

```
RANK(number,ref,order)
```

参数 number 是一个数字值；参数 ref 是 number 参加排序的范围；参数 order 可以省略，若为 0 或省略则按降序排序，若输入一个非零的数值则按升序排序。

若 A 列从 A1 单元格起，依次有数据 82、99、62、78、62。在 B1 输入"=RANK (A1，$A$1: $A$5,0)"，按【Enter】键确认后，复制公式到 B5 单元格，则从 B1 到 B5 依次为 2、1、4、3、4。若在 C1 中输入"=RANK (A1,$A$1:$A$5,1)"，按【Enter】键确认后，复制公式到 B5 单元格，则从 C1 到 C5 依次为 4、5、1、3、1。也就是说，此时 A 列中数据是按从小到大排列名次的，最小的数值排位第 1，最大的数值排位最末。

3．单元格引用

（1）相对引用。公式中的相对单元格引用（如 A1）是基于包含公式和单元格引用的单元格的相对位置。如果公式所在单元格的位置改变，其中引用的单元格位置也随之改变。默认情况下，新公式使用相对引用。例如，若单元格 B2 中的公式引用单元格 A1，将该公式复制到 B3，则 B3 中的公式将自动引用单元格 A2。

（2）绝对引用。单元格中的绝对单元格引用（例如 $A$1）总是引用指定位置的单元格。若公式所在单元格的位置改变，则绝对引用保持不变。

（3）混合引用。混合引用是绝对列和相对行或是绝对行和相对列。绝对列引用采用"$A1""$B1"形式，绝对行引用采用"A$1""B$1"形式。若公式所在单元格的位置改变，则相对引用改变，而绝对引用不变。

三、实训内容

打开实训四中建立的"Excel1.xlsx"文档，以"Excel4 结果 .xlsx"文件名另存该文档。并按照要求完成下列操作，效果如图 5-8 ~ 图 5-12 所示。

四、实训要求

在所给文档基础上按照以下要求完成数据统计分析。

（1）以下内容用公式实现：在"学生成绩表（2）"工作表中，利用公式计算每位学生的期末成绩（公式：期末成绩 = 笔试成绩 + 机试成绩），要求"期末成绩"列的数字的小数位数为 0 位（放置在 L3:L21 区域）。

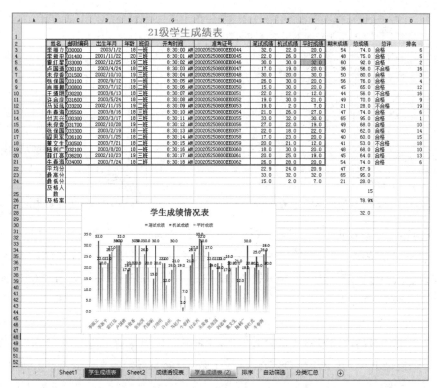

图 5-8 Excel4 公式、函数与图表结果图（1）

邮政编码	出生年月	年龄	班级	开考时间	准考证号	笔试成绩	机试成绩	平时成绩	期末成绩	总成绩
					21级学生成绩表					
030300	2003/3/17	18	三班	8:30:11 AM	202205250800EE0055	33.0	32.0	30.0	65	95.0
033000	2002/12/25	19	二班	8:30:02 AM	202205250800EE0046	30.0	30.0	32.0	60	92.0
031500	2002/10/10	19	三班	8:30:04 AM	202205250800EE0048	30.0	20.0	30.0	50	80.0
033100	2002/9/12	19	一班	8:30:05 AM	202205250800EE0049	26.0	30.0	20.0	56	76.0
031400	2001/11/22	20	三班	8:30:01 AM	202205250800EE0045	22.0	26.0	27.0	48	75.0
035500	2003/8/16	18	三班	8:30:10 AM	202205250800EE0054	21.0	26.0	27.0	47	74.0
030000	2003/1/2	18	一班	8:30:00 AM	202205250800EE0044	32.0	22.0	20.0	54	74.0
034000	2003/7/24	18	二班	8:30:18 AM	202205250800EE0062	26.0	28.0	20.0	47	74.0
031600	2003/5/24	18	一班	8:30:08 AM	202205250800EE0052	19.0	30.0	21.0	49	70.0
032100	2003/8/20	18	一班	8:30:16 AM	202205250800EE0059	18.0	30.0	20.0	48	68.0
031700	2002/10/28	19	一班	8:30:12 AM	202205250800EE0056	27.0	22.0	19.0	49	68.0
030800	2003/7/12	18	二班	8:30:06 AM	202205250800EE0050	15.0	30.0	20.0	45	65.0
036200	2002/10/23	18	三班	8:30:17 AM	202205250800EE0061	20.0	25.0	19.0	45	64.0
033300	2003/2/19	18	二班	8:30:13 AM	202205250800EE0057	22.0	18.0	22.0	40	62.0
036100	2003/1/25	18	二班	8:30:14 AM	202205250800EE0058	17.0	23.0	20.0	40	60.0
030100	2003/4/24	18	一班	8:30:03 AM	202205250800EE0047	17.0	19.0	20.0	36	56.0
030200	2003/6/13	18	二班	8:30:07 AM	202205250800EE0051	22.0	22.0	12.0	44	56.0
030500	2003/7/21	18	二班	8:30:15 AM	202205250800EE0059	20.0	21.0	12.0	41	53.0
033200	2002/11/15	19	二班	8:30:09 AM	202205250800EE0053	19.0	2.0	7.0	21	28.0

图 5-9 Excel4 排序结果图（2）

姓名	邮政编i	出生年月i	年i	班i	开考时间	准考证号	笔试成i	机试成i	平时成i	期末成i	总成绩i
					21级学生成绩表						
霍红星	033000	2002/12/25	19	二班	8:30:02 AM	202205250800EE0046	30.0	30.0	32.0	60	92.0
付志兴	030300	2003/3/17	18	二班	8:30:11 AM	202205250800EE0055	33.0	32.0	30.0	65	95.0

图 5-10 Excel4 自动筛选结果图（3）

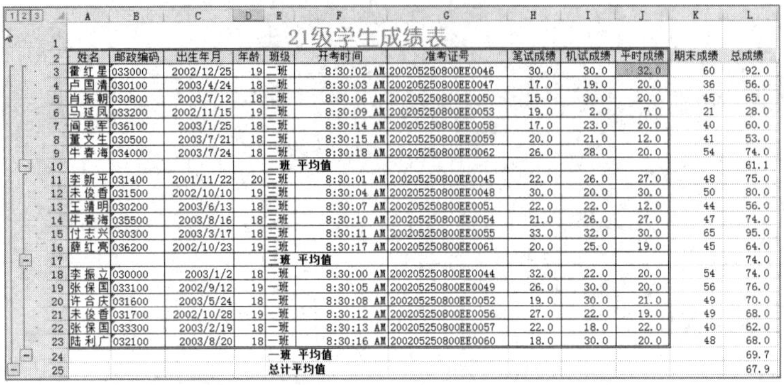

图 5-11　Excel4 分类汇总结果图（4）　　　　图 5-12　Excel4 数据透视表结果图（5）

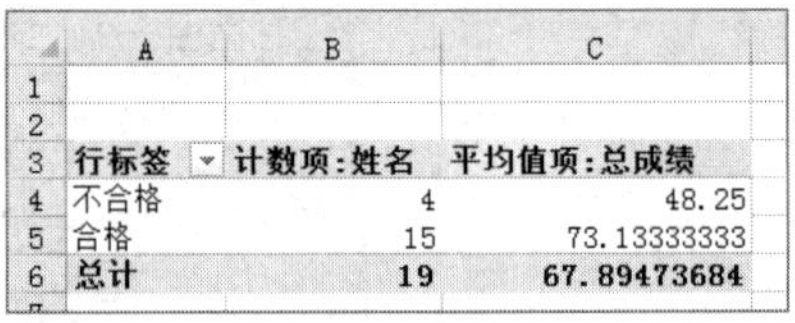

（2）以下内容用函数实现：在"学生成绩表（2）"工作表中，计算每位学生的总成绩，其中总成绩＝笔试成绩＋机试成绩＋平时成绩；计算学生笔试成绩、机试成绩、平时成绩、期末成绩、总成绩各项的平均分、最高分、最低分（分别置于 I22:M22 区域、I23:M23 区域、I24:M24 区域）。

（3）用函数计算每个学生的总评，总成绩高于（>=）60 时，总评为"合格"，否则总评为"不合格"。在 M25 单元格中统计总成绩及格的人数（利用函数 COUNTIF）；在 M26 单元格中统计总成绩的"及格率"，其中及格率＝及格人数 /19，百分比样式，结果保留 1 位小数。统计出每位学生"总成绩"的排名，结果输出到"排名"列 O3:O21 区域（提示：按总成绩由高到低统计，利用 RANK 函数，注意单元格的绝对引用）。

（4）将"学生成绩表（2）"工作表中的 B1:M21 区域中的数据复制到三个新工作表的以 A1 开始的单元格区域中，工作表分别命名为"排序""自动筛选""分类汇总"。

（5）在排序工作表中，按每位学生的"总成绩"降序排序，"总成绩"相同的按"期末成绩"升序排序。

（6）在自动筛选工作表中，进行自动筛选，条件是：总成绩大于等于 85 分的学生数据。

（7）在分类汇总工作表中，统计各班级总成绩的平均分（提示：分类汇总前先按"班级"字段升序排序），分类字段为"班级"，汇总方式为"平均值"，汇总项为"总成绩"。

（8）在"学生成绩表（2）"工作表中根据学生的姓名、笔试成绩、机试成绩和平时成绩列生成簇状柱形图；图表高度 10 厘米，宽度 15 厘米；图表标题为"学生成绩情况表"，字体为华文楷体，24 号；图例显示在顶部；图表添加"数据标签"，要求标签位置为数据标签外，标签包括值；图表样式为"样式 9"。

（9）将（8）中创建的图表复制到"学生成绩表"工作表中 B30:I45 单元格区域内。

（10）以"学生成绩表（2）"工作表中的 B2:N21 区域为数据源在新工作表中建立数据透视表，将新工作表改名为"成绩透视表"。行标签字段为"总评"，数值字段为"姓名的计数"和"总成绩"的平均值。

☕ **注意：**

只能在要求工作表基础上完成题目，请不要随意删除、增加工作表或调整工作表的位置。

五、实训步骤

打开文件"Excel1.xlsx",选择"文件"菜单下的"另存为"命令,在"另存为"对话框中输入文件名"Excel4 结果 .xlsx",如图 5-13 所示。

图 5-13 "另存为"对话框

(1)以下内容用公式实现:在"学生成绩表(2)"工作表中,利用公式计算每位学生的期末成绩(公式:期末成绩 = 笔试成绩 + 机试成绩),要求"期末成绩"列的数字的小数位数为 0 位(放置在 L3:L21 区域)。

计算期末成绩:选中 L2 单元格,输入"期末成绩";用实训四中方法,按要求设置 L3:L21 区域单元格数据格式;选中 L3 单元格,输入公式"=I3+J3",按【Enter】键确认。其他学生的期末成绩通过"填充柄"方式实现公式复制,如图 5-14 ~图 5-16 所示。

注意:

公式中用到的单元格名称的输入可以通过单击单元格实现,"=""+""-"从键盘输入。

图 5-14 公式输入

图 5-15 公式计算结果

图 5-16 公式复制结果

(2)以下内容用函数实现:在"学生成绩表(2)"工作表中,计算每位学生的总成绩,其中总成绩 = 笔试成绩 + 机试成绩 + 平时成绩;计算学生笔试成绩、机试成绩、平时成绩、期末成绩、总成绩各项的平均分、最高分、最低分(分别放置在 I22:M22 区域、I23:M23 区域、I24:M24 区域)。

① 计算总成绩：在单元格 M2 中输入“总成绩”，选中单元格 M3，选择“公式”选项卡“函数库”功能区，单击“自动求和”下拉按钮，选择“求和”命令，如图 5-17 所示。

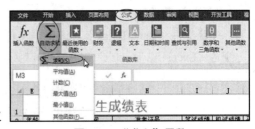

图 5-17 “求和”函数

单元格 M3 内容，如图 5-18 所示，通过鼠标拖动选取正确的计算区域 I3:K3。

按【Enter】键确认，结果如图 5-19 所示。

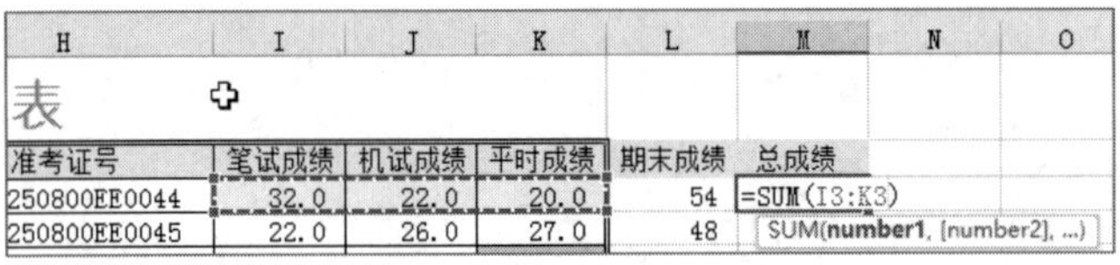

图 5-18 “求和”函数参数区域选取

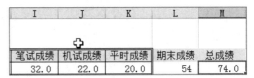

图 5-19 “求和”结果

其他学生总成绩通过“填充柄”方式实现计算。

② 计算学生笔试成绩、机试成绩、平时成绩、期末成绩、总成绩各项的平均分、最高分、最低分：方法同求总成绩，在图 5-17 中，分别选择平均值、最大值、最小值。同样注意计算区域的正确选取，结果如图 5-20 所示。

	B	C	D	E	F	G	H	I	J	K	L	M
1	21级学生成绩表											
2	姓名	邮政编码	出生年月	年龄	班级	开考时间	准考证号	笔试成绩	机试成绩	平时成绩	期末成绩	总成绩
3	李振立	030000	2003/1/2	18	一班	8:30:00 AM	200205250800EE0044	32.0	22.0	20.0	54	74.0
4	李新平	031400	2001/11/22	20	三班	8:30:01 AM	200205250800EE0045	22.0	26.0	27.0	48	75.0
5	霍红星	033000	2002/12/25	19	二班	8:30:02 AM	200205250800EE0046	30.0	30.0	32.0	60	92.0
6	卢国清	030100	2003/4/24	18	二班	8:30:03 AM	200205250800EE0047	17.0	19.0	20.0	36	56.0
7	未俊香	031500	2002/10/10	19	三班	8:30:04 AM	200205250800EE0048	30.0	20.0	30.0	50	80.0
8	张保国	033100	2002/9/12	19	一班	8:30:05 AM	200205250800EE0049	26.0	30.0	20.0	56	76.0
9	肖振朝	030800	2003/7/12	18	二班	8:30:06 AM	200205250800EE0050	15.0	30.0	20.0	45	65.0
10	王靖明	030200	2003/6/13	18	三班	8:30:07 AM	200205250800EE0051	22.0	22.0	12.0	44	56.0
11	许合庆	031600	2003/5/24	18	一班	8:30:08 AM	200205250800EE0052	19.0	30.0	21.0	49	70.0
12	马延凤	033200	2002/11/15	19	二班	8:30:09 AM	200205250800EE0053	19.0	2.0	7.0	21	28.0
13	牛春海	035500	2003/8/16	18	三班	8:30:10 AM	200205250800EE0054	21.0	26.0	27.0	47	74.0
14	付志兴	030300	2003/3/17	18	三班	8:30:11 AM	200205250800EE0055	33.0	32.0	30.0	65	95.0
15	未俊香	031700	2002/10/28	19	一班	8:30:12 AM	200205250800EE0056	27.0	22.0	19.0	49	68.0
16	张保国	033300	2003/2/19	18	一班	8:30:13 AM	200205250800EE0057	22.0	18.0	22.0	40	62.0
17	阎思军	036100	2003/1/25	18	二班	8:30:14 AM	200205250800EE0058	17.0	23.0	20.0	40	60.0
18	董文生	030500	2003/7/21	18	二班	8:30:15 AM	200205250800EE0059	20.0	21.0	12.0	41	53.0
19	陆利广	032100	2003/8/20	18	一班	8:30:16 AM	200205250800EE0060	18.0	30.0	20.0	48	68.0
20	薛红亮	036200	2002/10/23	19	三班	8:30:17 AM	200205250800EE0061	20.0	25.0	19.0	45	64.0
21	牛春海	034000	2003/7/24	18	二班	8:30:18 AM	200205250800EE0062	26.0	28.0	20.0	54	74.0
22	平均分							22.9	24.0	20.9	47	67.9
23	最高分							33.0	32.0	32.0	65	95.0
24	最低分							15.0	2.0	7.0	21	28.0

图 5-20 其他函数计算结果示意图

（3）用函数计算每个学生的总评，总成绩高于（>=）60 时，总评为“合格”，否则总评为“不合格”。在 M25 单元格中统计总成绩及格的人数（利用函数 COUNTIF）；在 M26 单元格中统计总成绩的“及格率”，其中及格率 = 及格人数 /19，百分比样式，结果保留 1 位小数。统计出每位学生“总成绩”的排名，结果输出到“排名”列 O3:O21 区域（提示：按总成绩由高到低统计，利用 RANK 函数，注意单元格的绝对引用）。

① 统计学生总评：在单元格 N2 中输入“总评”，选中单元格 N3，选择“公式”选项卡“函数库”

功能区，单击"插入函数"按钮，如图 5-21 所示。打开"插入函数"对话框，选择"或选择类别"中的"全部"，按首字母顺序，选择 IF 函数，如图 5-22 所示。

图 5-21　"插入函数"按钮位置

图 5-22　IF 函数位置

在 IF 函数的"函数参数"对话框中，设置其 Logical_test 参数为 M3>=60，Value_if_true 参数为合格，Value_if_false 参数为不合格，单击"确定"按钮，即可得正确结果，如图 5-23 和图 5-24 所示。其他学生的总评同样通过"填充柄"方式实现计算。

② 统计总成绩及格人数：在 B25 单元格中输入"及格人数"，选中 M25 单元格，插入 COUNTIF 函数，设置其参数，如图 5-25 所示。

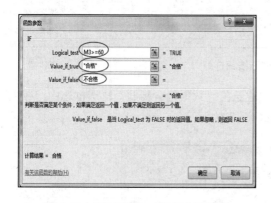

图 5-23　"IF 函数"对话框参数设置

图 5-24　"IF 函数"计算结果

③ 统计总成绩的"及格率"：在 B26 单元格中输入"及格率"，选中 M26 单元格，通过实训四中方法设置单元格格式为"百分比"，输入公式"=M25/19"，按【Enter】键确认即可。

④ 学生"总成绩"的排名：在 O2 单元格中输入"排名"，选中 O3 单元格，插入 RANK 函数，设置其参数，如图 5-26 所示。这里需要注意，Ref 参数单元格的引用为绝对引用，可按【F4】键切换单元格引用形式；注意参数 Order 值的选取，这里不设置。

其他学生的总成绩排名同样通过"填充柄"方式实现计算。

图 5-25　COUNTIF 函数"函数参数"对话框

图 5-26　RANK 函数"函数参数"对话框

（4）将"学生成绩表（2）"工作表中的 B1:M21 区域中的数据复制到三个新工作表的以 A1 开始的单元格区域中，工作表分别命名为"排序""自动筛选""分类汇总"。

选中相应单元格，使用【Ctrl+C】组合键和"保留源列宽"粘贴实现数据的复制。其他操作实训四中已有讲解，这里不再细述。

（5）在排序工作表中，按每位学生的"总成绩"降序排序，"总成绩"相同的按"期末成绩"升序排序。

选中排序区域 A2:L21，选择"数据"选项卡，单击"排序和筛选"功能区的"排序"按钮，如图 5-27 所示。

图 5-27　"排序"按钮选取

在"排序"对话框中，单击"添加条件"按钮，注意将"数据包含标题"复选框选中，在主要关键字和次要关键字中按题目要求设置内容，如图 5-28 所示。

图 5-28　"排序"对话框

（6）在自动筛选工作表中，进行自动筛选，条件是：总成绩大于等于 85 分的学生数据。

选中 A2:L21 区域，同排序方法在图 5-27 中选择"筛选"按钮，此时每个列标题右下侧都会出现一个下拉按钮，如图 5-29 所示。

A	B	C	D	E	F	G	H	I	J	K	L
					21级学生成绩表						
姓名	邮政编	出生年月	年	班	开考时间	准考证号	笔试成	机试成	平时成	期末成	总成绩
李振	030000	2003/1/2	18	一班	8:30:00 AM	200205250800EE0044	32.0	22.0	20.0	54	74.0
李新平	031400	2001/11/22	20	三班	8:30:01 AM	200205250800EE0045	22.0	26.0	27.0	48	75.0

图 5-29　"自动筛选"结果示意图

单击"总成绩"下拉按钮，选择"数字筛选"→"大于或等于"命令，如图 5-30 所示。在"自定义自动筛选方式"对话框中输入 85，如图 5-31 所示。筛选结果如图 5-32 所示。

图 5-30　"总成绩"筛选命令

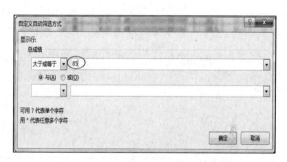

图 5-31　"总成绩"自动筛选对话框

A	B	C	D	E	F	G	H	I	J	K	L
					21级学生成绩表						
姓名	邮政编	出生年月	年	班	开考时间	准考证号	笔试成	机试成	平时成	期末成	总成绩
霍 红星	033000	2002/12/25	19	二班	8:30:02 AM	200205250800EE0046	30.0	30.0	32.0	60	92.0
付 志兴	030300	2003/3/17	18	三班	8:30:11 AM	200205250800EE0055	33.0	32.0	30.0	65	95.0

图 5-32　"总成绩"自动筛选结果图

（7）在分类汇总工作表中，统计各班级总成绩的平均分（提示：分类汇总前先按"班级"字段升序排序），分类字段为"班级"，汇总方式为"平均值"，汇总项为"总成绩"。

选中 A2:L21 区域，按班级字段升序排序，方法同（5），然后选择"数据"选项卡，在"分级显示"功能区中单击"分类汇总"按钮，如图 5-33 所示。

在"分类汇总"对话框中，设置分类字段为"班级"；汇总方式为"平均值"；选定汇总项为"总成绩"，如图 5-34 所示。

（8）在"学生成绩表（2）"工作表中根据学生的姓名、笔试成绩、机试成绩和平时成绩列生成簇状柱形图；图表高度 10 厘米，宽度 15 厘米；图表标题为"学生成绩情况表"，字体为华文楷体，24号；图例显示在顶部；图表添加"数据标签"，要求标签位置为数据标签外，标签包括值；图表样式为"样式 9"。

图 5-33　"分类汇总"按钮

图 5-34　"分类汇总"对话框

① 图表的插入：选中"姓名"列（B2:B21），按【Ctrl】键，选择"笔试成绩"列（I2:I21）、机试成绩列（J2:J21）和平时成绩列（K2:K21），单击"插入"选项卡，在"图表"功能区中单击"插入柱形图或条形图"下拉按钮，如图 5-35 和图 5-36 所示。选择"二维柱形图"中第一项"簇状柱形图"，则建立相应图表。

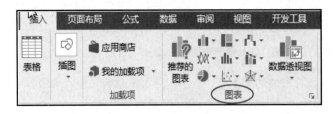

图 5-35　"图表"功能区

图 5-36　"柱形图"菜单

调整图表大小：将鼠标放到该图表空白区域，单击选中图表，在出现的"图表工具"中选择"格式"选项卡，在"大小"功能区中按照要求设置图表高度及宽度值（方法同图片大小调整），如图 5-37 所示。

② 图表格式设置：选中图表，则会有相应的"图表工具"，在"设计"选项卡的"图表布局"功能区单击"添加图表元素"下拉按钮，选择"图表标题""图例""数据标签"可以设置相应的内容，如有更详细的设置，则单击"其他数据标签选项"设置，如图 5-38 ～图 5-41 所示。

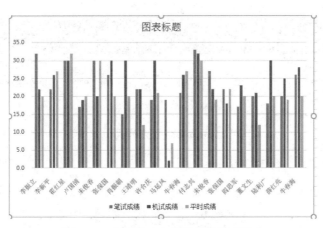

图 5-37　调整大小之后的簇状柱形图表

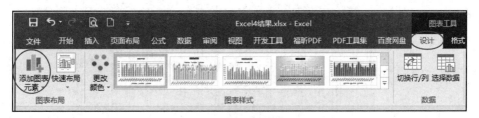

图 5-38　添加图表元素

图 5-39　图表标题

图 5-40　图例

图 5-41　数据标签

③ 图表样式设置：选中图表，选择"图表工具"中的"设计"选项卡，单击"图表样式"功能区右侧的下拉按钮，按名称选择所需"样式 9"，如图 5-42 所示。

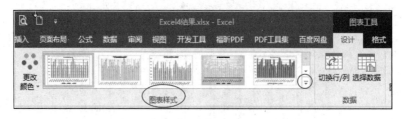

图 5-42　图表样式

最终完成图表效果图，如图 5-43 所示。

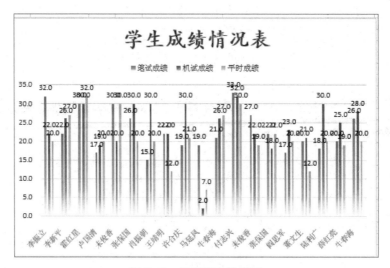

图 5-43　最终图表效果图

（9）将（8）中创建的图表复制到"学生成绩表"工作表中 B30:I45 单元格区域内。

复制图表：光标定位到图表空白处，单击选中图表，使用【Ctrl+C】组合键和【Ctrl+V】组合键将图表粘贴到"学生成绩表"工作表中的 B30 单元格位置，调整图表大小（方法同图片大小调整）至占满 B30:I45 区域。

（10）以"学生成绩表（2）"工作表中的 B2:N21 区域为数据源在新工作表中建立数据透视表，将新工作表改名为"成绩透视表"。行标签字段为"总评"，数值字段为"姓名的计数"和"总成绩"的平均值。

选中 B2:N21 区域，选择"插入"选项卡，"表格"功能区中单击"数据透视表"按钮，如图 5-44 所示。

在打开的"创建数据透视表"对话框中，设置"选择一个表或区域"为要求数据源（$B$2:$N$21，第一步选择数据区域之后，通常这里默认为所选，不需重新设置，否则需要重新选择正确区域），"选择放置数据透视表的位置"为"新工作表"，如图 5-45 所示。

修改新工作表名称为"成绩透视表"，鼠标定位在"数据透视表 1"区域，在右侧的"数据透视表字段"任务窗格中选择要添加到报表的字段，将"总评"字段拖动到下方的"行"区域中，"姓名"和"总成绩"分别拖动至"∑值"区域中。单击"∑值"区域中"总成绩"右侧下拉按钮，选择"值字段设置"，在"值字段设置"对话框中，计算类型选择"平均值"。其中"姓名"字段默认设置为"计数"，不需额外设置，如图 5-46 ～图 5-49 所示。

图 5-44　"数据透视表"按钮

图 5-45　"创建数据透视表"对话框

图 5-46　"总成绩"下拉按钮

图 5-47　"值字段设置"快捷菜单

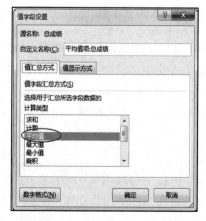

图 5-48　"值字段设置"对话框

图 5-49　"值字段设置"效果

注意：

① 关于数据透视表还有很多操作，比如修改数据透视表的布局、添加或删除字段、移动和复制数据透视表、设置数据透视表选项、整理数据透视表的字段、设置数据透视表的格式、插入数据透视图等操作，均可在"数据透视表工具"的"设计"选项卡中完成。

另外，如果"数据透视表字段"任务窗格未能显示，则可以通过单击"数据透视表工具"中的"分析"选项卡"显示"功能区中的"字段列表"按钮实现其显示与隐藏，如图 5-50 所示。

创建数据透视表时，引用的数据源为 Excel 数据列表时，数据列表的标题行不得有空白单元格或者合并单元格。

② 图表类型还有很多，如三维簇状柱形图、饼图（二维饼图）、带数据标志的折线图等。关于图表的一些设置，比如图表背景墙图案区域颜色设置、图表坐标轴设置、网格线设置、使用图片填充图表、添加趋势线、形状样式设置、更改、删除图表系列、更改图表类型等操作，还需要读者课后多加练习。

完成的数据透视表如图 5-51 所示。

图 5-50 "字段列表"按钮

图 5-51 "成绩透视表"效果图

六、实训延伸

1. 迷你图的应用

Excel 2016 具有"迷你图"功能。迷你图作为一个将数据形象化呈现的制图小工具，使用方法很简单。这种小的图表可以嵌入到 Excel 的单元格内，让用户获得快速可视化的数据表示。对于股票信息，这种数据表示形式非常适用。

2. 强大的数据分析功能

Excel 2016 提供了很多数据分析工具，包括单变量求解功能、模拟运算表、规划求解等。使用模拟运算表可以解决当公式中的一个变量以不同值替换时，Excel 会生成一个显示其不同结果的数据表，比如在不同银行贷款利率下，计算每月的还款额。

规划求解可以通过更改单元格中的值，来查看所做更改对公式结果的影响。通过规划求解工具，可以为目标单元格中的公式找到一个优化值，该值同时符合一个或几个约束条件单元格限制。

3. 公式编辑器

Excel 2016 保留了 2010 的数学公式编辑，在"插入"标签中可以看到"公式"图标，单击后 Excel 2016 便会进入一个公式编辑页面，如图 5-52 所示。在这里包括二项式定理、傅里叶级数等专业的数学公式，同时还提供了包括积分、矩阵、大型运算符等在内的单项数学符号，完全能够满足专业用户的录入需要。

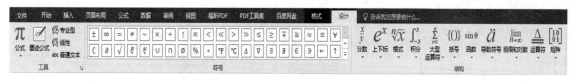

图 5-52　公式编辑器

【习题】

1. 打开 Excel5.xlsx 文件，如图 5-53 所示。试在此基础上按照以下操作补充完成数据统计分析，如图 5-54 所示。

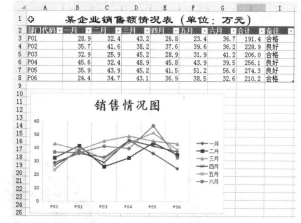

	A	B	C	D	E	F	G	H	I
1									
2	部门代码	一月	二月	三月	四月	五月	六月	合计	备注
3	P01	28.9	32.4	43.2	26.8	23.4	36.7		
4	P02	35.7	41.6	38.2	37.6	39.6	36.2		
5	P03	32.9	25.9	45.2	28.9	31.9	41.2		
6	P04	45.6	32.4	48.9	45.8	43.9	39.5		
7	P05	35.9	43.9	45.2	41.5	51.2	56.6		
8	P06	24.4	34.7	43.1	36.9	38.5	32.6		

图 5-53　Excel5 原工作表

	A	B	C	D	E	F	G	H	I
1	某企业销售额情况表（单位：万元）								
2	部门代码	一月	二月	三月	四月	五月	六月	合计	备注
3	P01	28.9	32.4	43.2	26.8	23.4	36.7	191.4	合格
4	P02	35.7	41.6	38.2	37.6	39.6	36.2	228.9	良好
5	P03	32.9	25.9	45.2	28.9	31.9	41.2	206.0	合格
6	P04	45.6	32.4	48.9	45.8	43.9	39.5	256.1	良好
7	P05	35.9	43.9	45.2	41.5	51.2	56.6	274.3	良好
8	P06	24.4	34.7	43.1	36.9	38.5	32.6	210.2	合格

图 5-54　Excel5 结果图

（1）将 Sheet1 工作表重命名为“销售情况表”。

（2）将销售情况表中 A1:I1 单元格合并为一个单元格，然后输入表格标题“某企业销售额情况表（单位：万元）”。字体设置为“隶书”，字号为“22”，字体颜色为“标准色：深红”，水平对齐方式为“居中”，垂直对齐方式为“居中”。

（3）使用函数计算各部门一月至六月销售额合计，结果放在 H3:H8 单元格，保留一位小数。

（4）使用函数求出各部门的备注列值：如果合计值大于 220.0，在“备注”列内填上“良好”，否则填上“合格”。

（5）A1:I8 区域设置内外边框线颜色为“标准色：浅蓝”，样式为最细实线。

（6）将 A2:I8 区域格式设置为自动套用格式“蓝色，表样式浅色 9”。

（7）选取 A2:G8 单元格区域的内容建立“带数据标记的折线图”，在图表上方添加图表标题“销售情况图”，字体为华文楷体，24 号。图例在右侧，图表样式为“样式 11”。将图表放在表的 A10:G25 单元格区域内。

注意：

只能在原有工作表基础上完成题目，请不要删除、增加工作表或调整工作表的位置。

2. 打开 Excel6.xlsx 文件，内容如图 5-55 所示，执行以下操作后，结果如图 5-56 和图 5-57 所示。

	A	B	C	D	E	F
1	某竞赛选手各分值题答对数量统计表(单位:道)					
2	选手号	第一题	第二题	扩展题	总积分	积分排名
3	A01	7	5	8		
4	A02	5	6	9		
5	A03	6	4	8		
6	A04	4	9	6		
7	A05	8	5	7		
8	A06	9	7	6		
9	A07	5	5	7		
10	A08	7	4	8		

图 5-55　Excel6 原工作表

	A	B	C	D	E
1	某竞赛选手各分值题答对数量统计表(单位:道)				
2	选手号	第一题	第二题	扩展题	总积分
3	A01	7	5	8	20
4	A02	5	6	9	20
5	A03	6	4	8	18
6	A04	4	9	6	19
7	A05	8	5	7	20
8	A06	9	7	6	22
9	A07	5	5	7	17
10	A08	7	4	8	19
11	A09	8	7	4	19
12	A10	9	7	2	18
13	平均值	6.80	5.90	6.50	19.20

图 5-56　Excel6"成绩统计"工作表结果图(1)

图 5-57　Excel6"数据分析"工作表结果图(2)

（1）Sheet1 工作表命名为"成绩统计"，添加选手数据：

A09 8 7 4

A10 9 7 2

（2）删除"积分排名"列，使用 SUM 函数计算每位选手的总积分，结果放置在 E3:E12 单元格中；A13 单元格中输入文本："平均值"，分别使用 AVERAGE 函数计算 B 列到 E 列数据的平均值，保留两位小数。

（3）将 A1:E1 单元格合并，隶书、24 号字、"标准色：深红"，水平居中；A 列到 E 列的列宽为 20；A2:E13 所有内容均水平居中，添加所有框线，偶数号选手所在行添加底纹"橙色 个性色 6 淡色 80%"。

（4）复制工作表"成绩统计"，得到新表重命名为"数据分析"，删除工作表 Sheet2、Sheet3。

以下操作在工作表"数据分析"中完成：

（5）竞赛选手排名：A2:E12 数据区域首先按总积分降序排列，总积分相同的按扩展题得分降序排列。

（6）选取选手号和总积分两列数据（A2:A12 和 E2:E12），插入图表：图表类型为“饼图”，图表标题为“成绩统计”，添加数据标签：居中，在顶部显示图例，将图表放置在 A15:D33 单元格区域。

3. 打开 Excel7.xlsx 文件，内容如图 5-58 所示，执行以下操作后，结果如图 5-59 所示。

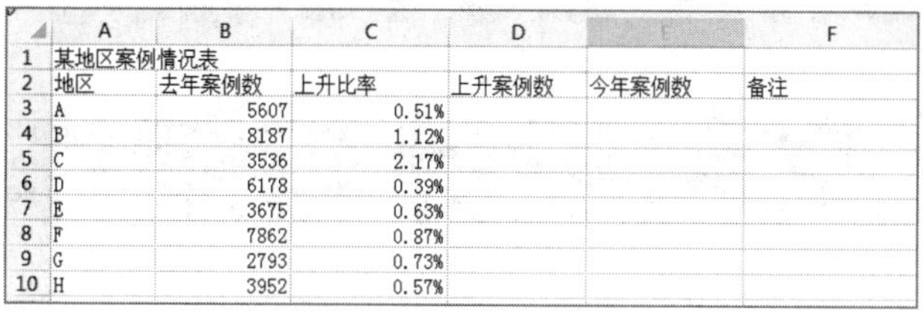

	A	B	C	D	E	F
1	某地区案例情况表					
2	地区	去年案例数	上升比率	上升案例数	今年案例数	备注
3	A	5607	0.51%			
4	B	8187	1.12%			
5	C	3536	2.17%			
6	D	6178	0.39%			
7	E	3675	0.63%			
8	F	7862	0.87%			
9	G	2793	0.73%			
10	H	3952	0.57%			

图 5-58　Excel7 原工作表

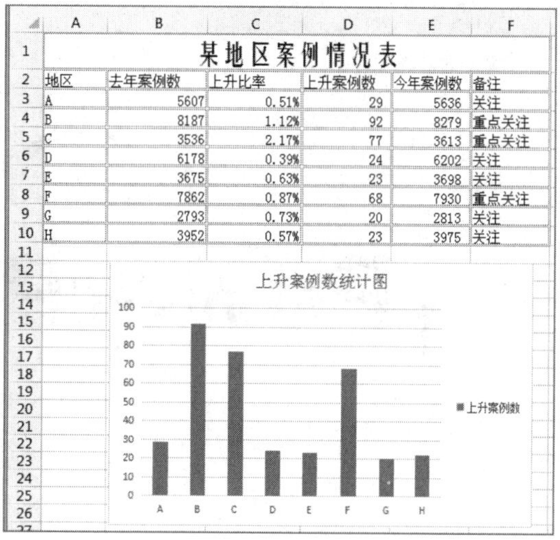

	A	B	C	D	E	F
1	某地区案例情况表					
2	地区	去年案例数	上升比率	上升案例数	今年案例数	备注
3	A	5607	0.51%	29	5636	关注
4	B	8187	1.12%	92	8279	重点关注
5	C	3536	2.17%	77	3613	重点关注
6	D	6178	0.39%	24	6202	关注
7	E	3675	0.63%	23	3698	关注
8	F	7862	0.87%	68	7930	重点关注
9	G	2793	0.73%	20	2813	关注
10	H	3952	0.57%	23	3975	关注

图 5-59　Excel7 结果图

（1）将 Sheet1 工作表命名为“上升案例数统计表”。

（2）将 A1:F1 区域合并后居中，字体设置为“方正姚体”，字号为 22，字体颜色为“茶色，背景 2，深色 75%”，行高为 30。

（3）A1：F10 区域设置内外边框线颜色为“标准色：绿色”，样式为双实线。

（4）利用公式计算“上升案例数”列（D3:D10）和“今年案例数”列（E3:E10），上升案例数 = 去年案例数 × 上升比率，今年案例数 = 去年案例数 + 上升案例数，结果均保留 0 位小数。

（5）利用 IF 函数求出“备注”列信息：如果上升案例数大于 50，显示“重点关注”，否则显示“关注”。

（6）选择“地区”和“上升案例数”两列数据区域（A2:A10,D2:D10）的内容建立“三维簇状柱形图”，图表标题为“上升案例数统计图”。

实训六
PowerPoint 2016 演示
文稿设计与制作

一、实训目的

（1）掌握 PowerPoint 2016 的基本操作，学会利用演示文稿的各种视图模式进行操作。

（2）掌握幻灯片版式、主题及背景的设置，学会母版的制作与使用。

（3）掌握在幻灯片中进行各种对象的插入，包括文字、图片、艺术字、SmartArt 图形、表格、页眉页脚、音频、视频等。

（4）熟练掌握幻灯片中对象动画设置、顺序调整，幻灯片切换效果、超链接等设置。

（5）掌握幻灯片放映设置。

二、实训准备

PowerPoint 2016 是微软公司推出的办公自动化软件 Office 2016 的组件之一，专门用于设计、制作各种电子演示文稿，如教学课件、讲演、作报告、会议、产品演示、商业演示等。较之于旧版，该版本带来了全新的幻灯片切换效果，放映起来更加美观大气；并且还对动画任务窗口进行更完善的优化，让用户体验升级。最为突出的是该版本不仅可以创建演示文稿，还可以在互联网上召开远程会议或在线展示演示文稿。

由 PowerPoint 2016 创建的文档称为演示文稿，扩展名为 .pptx，每个演示文稿由若干张幻灯片组成。

1. PowerPoint 2016 窗口界面与视图方式

（1）PowerPoint 2016 窗口界面。打开 PowerPoint 2016 后，工作界面如图 6-1 所示。

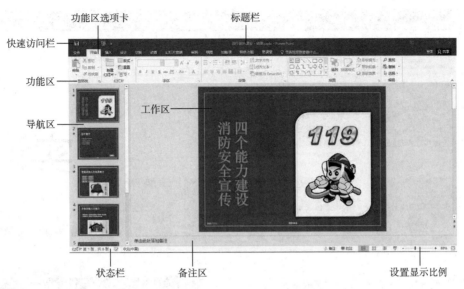

图 6-1　PowerPoint 2016 工作界面

（2）PowerPoint 2016 视图方式。PowerPoint 2016 "视图"选项卡下提供了两大类视图方式：演示文稿视图和母版视图。演示文稿视图又提供了 5 种视图选择：普通视图、大纲视图、幻灯片浏览、备注页、阅读视图。母版视图下分为幻灯片母版、讲义母版和备注母版三种模式。幻灯片编辑状态时，可通过"视图"选项卡进行视图切换，或单击状态栏右侧的视图切换按钮进行视图的切换，如图 6-2 和图 6-3 所示。

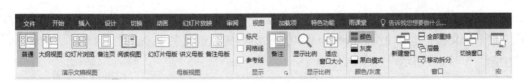

图 6-2　"视图"选项卡

图 6-3　视图切换按钮

下面对常用的三种视图方式进行简单的介绍。

① 普通视图。打开 PowerPoint 2016 后，默认显示的是普通视图，如图 6-1 所示。它是主要的编辑视图，可用于编辑和设计演示文稿。普通视图有四个工作区域：左侧为"幻灯片导航"与"大纲"选项卡，右侧为幻灯片编辑区 / 工作区和备注区。

② 幻灯片浏览。幻灯片浏览视图以缩略图的形式显示所有幻灯片，方便对幻灯片进行排序，以及添加、删除、复制和移动幻灯片。如果对幻灯片进行了分节，幻灯片浏览视图将分节显示所有幻灯片，如图 6-4 所示。

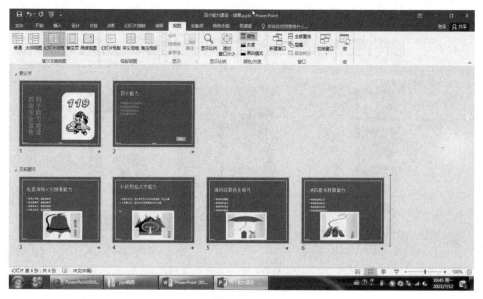

图 6-4　设置了分节的幻灯片浏览视图

③ 母版视图。母版视图包括幻灯片母版、讲义母版和备注母版。可在"幻灯片母版"中对幻灯片进行统一的格式和动画设置，还可统一插入相同的对象。"幻灯片母版"中的页面不可随意设置和删减，否则可能造成将来显示出错。

2. 演示文稿的设计与编辑

（1）新建演示文稿。

选择"文件"选项卡中的"新建"命令，将打开"新建"窗口，可通过单击"空白演示文稿"按钮新建空白演示文稿，也可使用 PowerPoint 2016 中的内置模板或主题，或者"登录"，获取更多联机模板或主题，如图 6-5 所示。

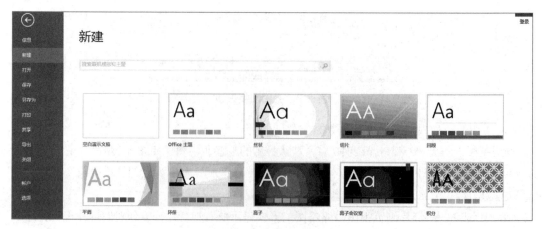

图 6-5　"新建"窗口

（2）幻灯片版式设置。

① 插入新幻灯片。单击"开始"选项卡"幻灯片"功能区组中的"新建幻灯片"旁的下拉按钮，

可根据需要新建一张相应主题版式的幻灯片，如图 6-6 所示。

② 修改已有幻灯片的版式。单击"开始"选项卡"幻灯片"功能区组中的"版式"下拉按钮，可修改已经创建的幻灯片版式，如图 6-7 所示。

图 6-6　新建幻灯片

图 6-7　修改幻灯片版式

（3）设置主题。

在 PowerPoint 2016 中，主题由颜色、字体、效果和背景样式组合而成，将某个主题应用于演示文稿时，该演示文稿中涉及的字体、颜色、背景、效果等都会自动发生变化，亦可人为设置需要的"变体"。

单击"设计"选项卡，"主题"功能区组中显示了 PowerPoint 2016 内置的主题样式，也可"启用来自 Office.com 的内容更新"来查看更多的主题样式，如图 6-8 所示。单击某一主题将应用于所有幻灯片，也可右击，在弹出的快捷菜单中选择"应用于选定幻灯片"命令，可将主题应用于选定的一张或多张幻灯片。

图 6-8　主题样式

（4）设置背景。

应用主题后如果又想更换背景，可通过"变体"功能区组中的"背景样式"来调整某一张或所有幻灯片的背景。

或者直接单击"设计"选项卡"自定义"功能区组的"设置背景格式"按钮，将弹出图 6-9 所示的任务窗格，可选择某一个背景样式，单击将应用于同一主题中的所有幻灯片，还可单击下方的"设置背景格式"命令，也会弹出图 6-9 所示的任务窗格，可填充纯色、渐变色、图片、纹理或将图案作为背景。

也可右击，在弹出的快捷菜单中选择"应用于选定幻灯片"命令，将选定幻灯片的背景进行单独设置。

（5）幻灯片中常用对象的插入及格式设置。

① 插入文本。选择"插入"选项卡下的"文本"功能区组，可选择性插入"文本框"、"页眉和页脚"、"艺术字"、"日期和时间"、"幻灯片编号"及文本"对象"。

常用文本的插入方法：

方法一：插入到文本占位符（选择包含标题或文本的版式后，文本插入位置以虚线框显示）中。

方法二：无文本占位符时，插入文本框可输入文字。

选择"插入"选项卡，"文本"功能区组中的"文本框"下的下拉按钮，可根据弹出的选区选择横排或竖排文本框，如图 6-10 所示。

图 6-9　设置背景格式

图 6-10　插入"文本框"

文本的格式化，可选择"开始"选项卡中的"字体"和"段落"功能区组中的相关按钮进行格式化设置，与 Word 2016 操作类似，如图 6-11 所示。

图 6-11　"开始"选项卡

② 插入图片。单击"插入"选项卡"图像"功能区组中的"图片"按钮，如图 6-12 所示，打开"插入图片"对话框，可从本地选择要插入的图片。

图 6-12 插入"图片"

选中图片或剪贴画后，选项卡上会自动添加"图片工具 - 格式"选项卡，选项卡包括调整、图片样式、排列、大小四个功能区组，可分别设置图片的相关格式，如图 6-13 所示。

图 6-13 "图片工具 - 格式"选项卡

③ 插入其他位置的图片。PowerPoint 2016 中，插入图片不仅可以选择本地图片进行插入，还可单击图 6-12 中的"联机图片"按钮，从各种联机来源中选择和插入图片。单击"屏幕截图"按钮，可以从"可用的视窗"中截取图形；还可单击"屏幕剪辑"按钮，从当前屏幕中截图插入。

单击"插入"选项卡"图像"功能区组中的"相册"下的下拉按钮，选择"新建相册"，可打开"相册"对话框，如图 6-14 所示。从该对话框可创建带有文本的相册，相册图片来自于文件或磁盘。相册作为单独的演示文稿对象进行展示。

④ 插入"形状"。单击"插入"选项卡下"插图"功能区组中的"形状"下拉按钮，打开的下拉列表中包括了最近使用的形状、线条、矩形、基本形状、箭头总汇、公式形状、流程图、星与旗帜、标注及动作按钮等形状图形，每组又有若干按钮，如图 6-15 所示，单击相应按钮可在当前幻灯片中通过拖拽形成指定形状图形。

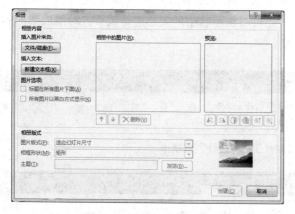

图 6-14 "相册"对话框

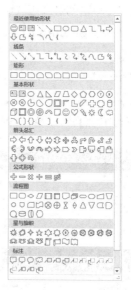

图 6-15 "形状"下拉列表

双击插入的形状，进入"绘图工具 - 格式"选项卡，如图 6-16 所示，在该选项卡下，可对形状图形进行多样化设置。

图 6-16 "绘图工具 - 格式"选项卡

⑤ 插入 SmartArt 图形。

方法一：单击"插入"选项卡"插图"功能区组中的 SmartArt 按钮，打开"选择 SmartArt 图形"对话框，如图 6-17 所示，可从该对话框中选择合适的 SmartArt 图形进行插入。

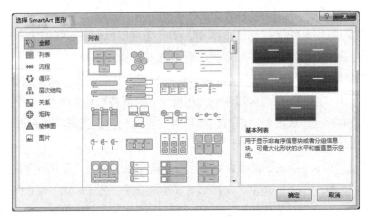

图 6-17 "选择 SmartArt 图形"对话框

方法二：单击幻灯片版式中内容框的"插入 SmartArt 图形"按钮。

选中插入的 SmartArt 图形，选项卡上会添加"SmartArt 工具 - 设计"和"SmartArt 工具 - 格式"两个选项卡。"SmartArt 工具 - 设计"选项卡如图 6-18 所示，可对 SmartArt 图形的颜色、版式等进行调节。"SmartArt 工具 - 格式"选项卡如图 6-19 所示，可对 SmartArt 图形的形状进行再次编辑，给形状中填充颜色、编辑形状轮廓、设置形状效果，还可对该形状中的大小进行调节，对组成图形的元素进行重新排列、组合、旋转，设置其对其方式等。

图 6-18 "SmartArt 工具 - 设计"选项卡

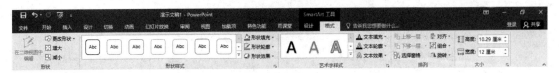

图 6-19 "SmartArt 工具 - 格式"选项卡

⑥ 插入艺术字。单击"插入"选项卡"文本"功能区组中的"艺术字"按钮，打开艺术字样式库，如图 6-20 所示，选择其中的一种进行插入。

选中艺术字后，在选项卡中会添加"绘图工具 - 格式"选项卡。在该选项卡下，可对艺术字进行样式转换、文本填充、文本轮廓设置、文本效果选择。

⑦ 插入图表。单击"插入"选项卡"插图"功能区组中的"图表"按钮，打开"插入图表"对话框，如图 6-21 所示。选择该对话框内合适的图表类型，之后选择该对话框右上侧的具体样式类型，单击"确定"按钮，即可在幻灯片指定区域呈现选定了样式的图表，且附带形成图表的数据表。用户可通过修改该数据，使图表符合自身需求。

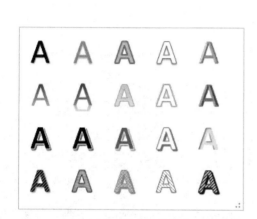

图 6-20 艺术字样式库

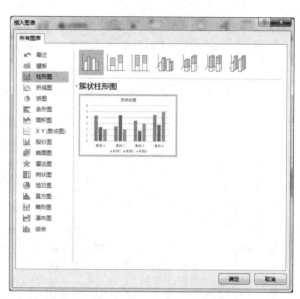

图 6-21 "插入图表"对话框

单击选中图表，在选项卡中增加"图表工具 - 设计"和"图表工具 - 格式"选项卡，使用这两个选项卡，可实现对图表的详细编辑。

⑧ 插入音频。在 PowerPoint 2016 中，可插入 .mp3、.midi、.wav 等格式的音频文件。单击"插入"选项卡"媒体"功能区组中的"音频"按钮，如图 6-22 所示，可插入"PC 上的音频"或直接"录制音频"，插入后在幻灯片中会出现一个喇叭图形，如图 6-23 所示，并且添加了"音频工具 - 格式"和"音频工具 - 播放"选项卡，如图 6-24 所示。

图 6-22 音频插入

图 6-23 插入音频后的图标

图 6-24　"音频工具 - 播放"选项卡

在"音频工具 - 播放"选项卡中可预览音频，编辑音频，还可设置音频选项和音频样式，另外还有"跨幻灯片播放""循环播放，直到停止""播完返回开头"三个复选框进行音频选项的设置。单击"剪裁音频"按钮，打开对话框如图 6-25 所示。

⑨ 插入视频。单击"插入"选项卡"媒体"功能区组中的"视频"按钮，如图 6-26 所示，可插入"联机视频"和"PC 上的视频"。PowerPoint 2016 可插入 .mp4、.mpeg、.wmv 等格式的视频文件，如果安装了 Flash 播放器也可直接插入 Flash 动画进行播放。

图 6-25　"剪裁音频"对话框

图 6-26　视频插入

单击"屏幕录制"按钮，可打开一个屏幕录制工具，如图 6-27 所示。单击红色"录制"按钮，即可开始录制屏幕。

图 6-27　屏幕录制工具

⑩ 插入幻灯片编号、日期和时间、页眉页脚。单击"插入"选项卡"文本"功能区组中的"日期和时间"或"幻灯片编号"按钮，或单击"页眉和页脚"按钮，都将打开"页眉和页脚"对话框，如图 6-28 所示。勾选相应的复选框可插入日期和时间、幻灯片编号、页脚。

3．动画效果和超链接的设置

（1）幻灯片动画设置。

选中幻灯片中要设置动画的对象，初次添加动画效果可单击"动画"选项卡，"动画"功能区组中显示了进入、强调、退出、动作路径的部分动画，如图 6-29 所示，还可单击下方的"更多进入效果"

选择其他动画效果。

图 6-28　"页眉和页脚"对话框

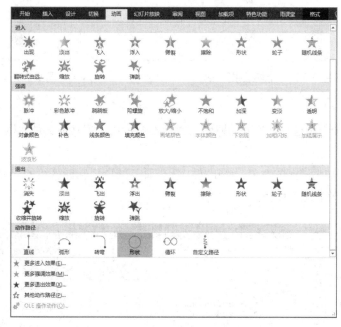

图 6-29　动画效果分类

　　一个对象同时设置多个动画时，从第二个动画开始，选择"动画"选项卡，在"高级动画"功能区组中单击"添加动画"按钮，会打开与图 6-29 类似的界面，从该位置进行第二个及之后的动画设置。

　　单击"高级动画"功能区组中的"动画窗格"按钮，会在"工作区"右边打开"动画窗格"区域，用户可通过在该区域的设置，改变动画播放次序，动画持续时间等。

　　添加动画后，"动画"功能区组中的"效果选项"按钮可以对动画的方向、序列等进行调整。"计时"功能区组中的"开始"下拉列表可以设置动画的开始时间;"持续时间"用于调整动画的快慢;"延迟"用于设置在多长时间后开始播放动画。

（2）幻灯片切换效果。

在幻灯片之间添加切换效果,单击"切换"选项卡,即可设置。切换效果分三组:细微型、华丽型和动态内容,如图 6-30 所示。"效果选项"按钮可以设置切换方向。如图 6-31 所示,根据所选切换方式的不同,切换效果选项也会有所不同。"计时"功能区中有"声音""持续时间""换片方式"等选项,可分别用于添加切换声音,调整切换速度,设置单击鼠标时换片还是自动换片。

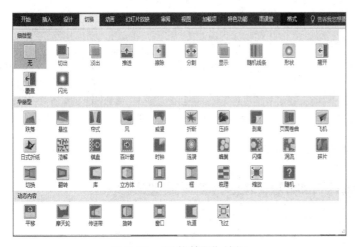

图 6-30　"切换效果"按钮

图 6-31　切换"效果选项"

（3）插入超链接。

播放幻灯片时,希望实现幻灯片间的跳转,或从幻灯片跳转到其他文件或网页上,可以通过插入超链接来实现。

方法一: 选中要添加超链接的对象,单击"插入"选项卡"链接"功能区组的"超链接"按钮,弹出"插入超链接"对话框,如图 6-32 所示。

图 6-32　"插入超链接"对话框

方法二：右击对象，在弹出的快捷菜单中选择"超链接"命令。

"插入超链接"对话框中有四种链接位置，包括现有文件或网页、本文档中的位置、新建文档和电子邮件地址。插入超链接的对象下方会出现下画线，当鼠标指针移过时，会变成"手"形指针。如果是为文字对象插入超链接，插入超链接前后字体的颜色会发生变化。

插入超链接后，右击对象，在弹出的快捷菜单中可选择"编辑超链接"或"取消超链接"命令修改或删除超链接。

4．幻灯片放映

（1）设置放映方式。

单击"幻灯片放映"选项卡"设置"功能区组中的"设置幻灯片放映"按钮，如图 6-33 所示，打开"设置放映方式"对话框，如图 6-34 所示。

图 6-33 "幻灯片放映"选项卡

在对话框中可以设置"演讲者放映""观众自行浏览""在展台浏览"三种放映类型，还可设置是否循环放映、放映范围以及换片方式。

（2）排练计时。

单击"幻灯片放映"选项卡"设置"功能区组中的"排练计时"按钮，按需要的放映速度把幻灯片放映一遍，最后保存排练时间。

存在排练计时的演示文稿在放映时，不用单击鼠标，幻灯片会按保存的排练时间自行播放。

（3）放映幻灯片。

幻灯片的放映有三种办法：

方法一：单击"幻灯片放映"选项卡"开始放映

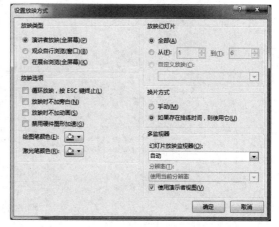

图 6-34 "设置放映方式"对话框

幻灯片"功能区中的"从头开始"按钮，播放时会从第一张幻灯片开始播放；单击"从当前幻灯片开始"按钮，会从当前所选的幻灯片开始播放。

方法二：单击状态栏右侧的"幻灯片放映"视图按钮，将从当前幻灯片开始放映。

方法三：按【F5】键，将从第一张幻灯片开始放映。

三、实训内容

（1）打开文件夹"实训六素材一"中的文件"素材一 .pptx"，按照"素材一要求"完成操作并以文件名"结果一 .pptx"保存文档，效果如图 6-35 所示。

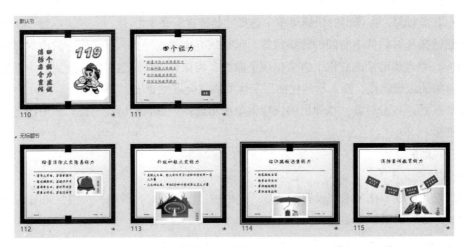

图 6-35　素材一样张

（2）打开文件夹"实训六素材二"中的文件"素材二 .pptx"，按照"素材二要求"完成操作并
以文件名"结果二 .pptx"保存文档，效果如图 6-36 所示。

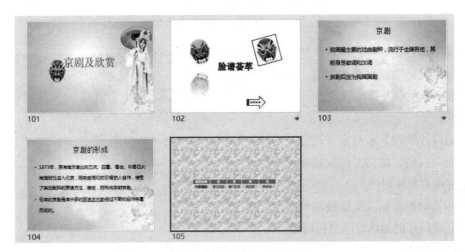

图 6-36　素材二样张

四、实训要求

（1）素材一要求：以下操作所需资料均在"实训六素材一"中。

① 新建一张版式为"标题幻灯片"的幻灯片作为第 1 张幻灯片。设置所有幻灯片大小：高 20 厘米、
宽 25 厘米；幻灯片编号起始值为 110，标题幻灯片中不显示。设置幻灯片主题为"环保"，第 2 种变体；
所有幻灯片背景样式为"样式 9"； 页眉页脚显示固定的日期和时间，页脚为"消防安全"，标题幻
灯片中不显示。

② 修改第一张幻灯片版式为"空白"；在页面左侧插入第 1 行第 3 列样式的艺术字"四个能力建设
消防安全宣传"，"竖排"文字方向，位置参考样张，艺术字宽度为 6 厘米，锁定纵横比；为艺术字添
加动画"进入：缩放"，动画文本"按字 / 词"顺序，字 / 词之间延迟 10%；右侧插入图片"火警 .jpg"，

高度 15 厘米，宽度 10 厘米，垂直居中对齐，图片应用"圆形对角，白色"图片样式；为图片添加动画："进入：翻转式由远及近"，触发时机在"上一动画之后"，且上一动画之后延迟 2 秒，期间中速（2 秒）。

③ 新建"标题和内容"版式幻灯片作为第 2 张幻灯片；标题文字为"四个能力"；文本内容为后面四张幻灯片的标题文字，标题文字为方正舒体（标题）60 号字，颜色为"黑色，文字 1"；内容字体为方正舒体（正文），28 号字，颜色为"红色，个性色 2，深色 25%"。

④ 第 2 张幻灯片中，为每段文字创建超链接，链接到相应的幻灯片。例如，文字"检查消除火灾隐患能力"，链接到第 3 张幻灯片；在右下角插入"动作按钮：自定义"，超链接到"结束放映"，按钮中输入文字"结束"。

⑤ 把第 3 张幻灯片中"警钟"图片移动到相对于左上角点水平 14.5 厘米，垂直 7.8 厘米的位置。图片高 5 厘米，宽 7 厘米，不锁定纵横比。在该张幻灯片之前"新增节"。

⑥ 去掉第 4 张幻灯片标题文字的第二行占位符。移动图片到文字下方，以不遮挡文字为宜，设置图片"水平居中"对齐。

⑦ 移动第 5 张幻灯片中图片如"样张"所示位置，并对其进行"锐化：50%"处理。

⑧ 将第 6 张幻灯片中图片移到白色背景的右下角，如样张所示，并将其"置于底层"。将该幻灯片内容中四句话"转换为 SmartArt"图形中的"基本流程"，且旋转各图形使基本形状如样张所示。

⑨ 所有幻灯片设置切换效果为"华丽：百叶窗"，效果选项设为"水平"。

（2）素材二要求：以下操作所需资料均在"实训六素材二"中。

① 页面设置：A4 纸张，编号起始值为 101；在主题幻灯片母版中，设置一级文本样式"微软雅黑，2 倍行距"。

② 第 1 张幻灯片背景为"封面 .jpg"，其余幻灯片背景为"背景 .jpg"。

③ 新建一张"空白"版式幻灯片，作为第 2 张幻灯片。

- 插入艺术字"脸谱荟萃"，艺术字样式"第 4 行第 5 列"，文本效果为阴影"透视：右上"；
- 插入图片 1，逆时针旋转 15°，图片效果选全映像：8 磅偏移量；插入图片 2，顺时针旋转 345°，3 磅粗图片边框；
- 插入形状"箭头：虚尾"，形状样式第 1 行第 1 列。为该形状按钮添加文本"结束放映"，单击该按钮结束幻灯片放映。

④ 第 2 张幻灯片，图片 1 设置"强调：陀螺旋，顺时针旋转两周"动画效果，图片 2 设置"退出：玩具风车"动画效果；按照先图片 2 后图片 1 的顺序播放动画。

⑤ 第 3 张幻灯片切换为动态内容"摩天轮"效果，效果选项为"自左侧"。

⑥ 第 4 张幻灯片，文字"表演艺术家"创建超链接，链接到"京剧艺术家 .pptx"。

⑦ 新建一张空白版式幻灯片作为第 5 张幻灯片，背景用"白色大理石"纹理填充，在其中插入表格如表 6-1 所示。

表 6-1　京剧角色分类表

角色分类	生	旦	净	丑
代表剧目	霸王别姬	杨门女将	铡美案	群英会

表格垂直居中对齐。具体效果参见样张。

⑧设置"溶解"切换效果,放映方式为"观众自行浏览(窗口)",循环放映。

五、实训步骤

(1)范例一实训步骤:

打开"实训六素材一"文件夹,打开"素材一 .pptx"。

① 光标在导航区(也称大纲窗格)第一张幻灯片之前位置单击,将插入位置固定在第一张幻灯片位置之前。单击"开始"选项卡"幻灯片"功能区组中的"新建幻灯片"按钮,打开图 6-6 所示版式主题选区,选择"Office 主题"下的"标题幻灯片",在"工作区"出现仅有标题和副标题版式的空白演示文稿,从导航区可见,该演示文稿位于第一张幻灯的位置。

单击"设计"选项卡"自定义"功能区组中的"幻灯片大小"按钮,在弹出的下拉列表中选择"自定义幻灯片大小",如图 6-37 所示。在打开的"幻灯片大小"对话框中设置幻灯片宽度为 25 厘米,高度为 20 厘米,幻灯片编号起始值为 110,如图 6-38 所示。单击"确定"按钮,打开图 6-39 所示对话框,单击"确保适合"按钮,幻灯片大小设置完成。

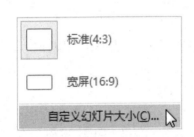

图 6-37 "自定义幻灯片大小"命令

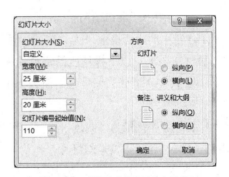

图 6-38 设置"幻灯片大小"

单击"设计"选项卡"主题"功能区组中的"环保"主题,然后单击"变体"功能区组中的第 2 种变体,所有幻灯片应用该主题变体。单击"变体"功能区组右侧的下拉按钮,选择背景样式为"样式 9",如图 6-40 所示。若需要给指定幻灯片应用某主题,需要选定主题后右击,在弹出的快捷菜单中选择"应用于选定幻灯片"命令即可。

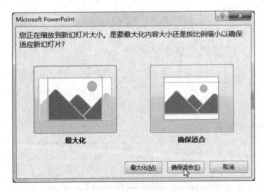

图 6-39 幻灯片缩放处理提示

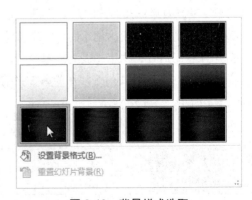

图 6-40 背景样式选取

单击"插入"选项卡下"文本"功能区组中的"页眉和页脚"（单击插入"幻灯片编号""日期和时间"类同）按钮，打开"页眉和页脚"对话框。在其中勾选"日期和时间""幻灯片编号""页脚""标题幻灯片中不显示"，"日期和时间"中选择"固定"，输入"11月9日"，"页脚"中输入"消防安全"，单击"全部应用"按钮。

② 选中第一张幻灯片，单击"开始"选项卡"幻灯片"功能区组中的"版式"按钮，选择"空白"版式。

单击"插入"选项卡"文本"功能区组中的"艺术字"按钮，选择第 1 行第 3 列样式，在出现的占位符中将文字修改为"四个能力建设消防安全宣传"，分两行。选中刚输入的艺术字，右击，在弹出的快捷菜单上选择"设置形状和格式"命令，工作区右侧出现"设置形状格式"任务窗格，如图 6-41 所示，在"大小与属性"下设置文本框的"文字方向"为"竖排"，拖动至如样张所示位置；将"大小"中的宽度设为 6 厘米，且勾选"锁定纵横比"。选中艺术字，单击"动画"选项卡"动画"功能区组中的"进入：缩放"，单击"高级动画"功能区组中的"动画窗格"，则在工作区右侧出现"动画窗格"任务窗格。选中该窗格中的艺术字动画，单击右侧的下拉按钮，弹出图 6-42 所示下拉列表。单击"效果选项"，出现"缩放"对话框，如图 6-43 所示。在"效果"选项卡下设置"动画文本""按字 / 词"，字 / 词之间延迟为 10%，单击"确定"按钮。艺术字动画设置完成。

图 6-41　设置形状格式

图 6-42　动画窗格

图 6-43　"缩放"对话框

单击"插入"选项卡"图像"功能区组中的"图片"按钮，打开给定文件夹"实训六素材一"，并选定"火警 .jpg"插入，拖动图片到幻灯片右侧区域，如样张所示。适当修改其大小，高度为 15 厘米，宽度为 10 厘米，垂直居中对齐。双击图片，进入"图片工具 - 格式"选项卡下的"图片样式"功能区组，选择其中的"圆形对角，白色"样式。单击"动画"选项卡中的"进入：翻转式由远及近"，为图片添加动画效果。单击"动画"选项卡"计时"功能区组中的开始，设为"上一动画之后"，上一动画之后延迟 2 秒，可通过单击图 6-42 的效果选项命令，打开"翻转式由远及近"对话框，在"计时"下设置期间中速（2 秒）。

③ 单击"开始"选项卡，在"幻灯片"功能区组选择"新建幻灯片"中的"标题和内容"版式，该新建幻灯片成为第 2 张幻灯片。在标题中键入"四个能力"，选中输入标题文字，在"开始"选项卡"字体"功能区组中设置字体为"方正舒体（标题）"，字号 60。在内容项目符号后复制后四张幻灯片标题文字，如样张所示。选中内容文字，设置字体为方正舒体（正文），字号为 28 号，颜色为"红色，

个性色 2，深色 25%"。

④ 选中第 2 张幻灯片内容中的第 1 条，右击，在弹出的快捷菜单中选择"超链接"命令，打开"插入超链接"对话框。在该对话框左侧的"链接到"区域，选择"本文档中的位置"，在"请选择文档中的位置"中选择对应的幻灯片，单击"确定"按钮，一个超链接创建完成，第一条文字下出现了下画线，文字颜色改变。其余三条类似操作。插入超链接也可通过单击"插入"选项卡"链接"功能区中的"超链接"按钮来实现。

单击"插入"选项卡"插图"功能区组中的"形状"下拉按钮，在下拉列表中选择"动作按钮"中的"自定义"按钮，在幻灯片右下角拖动出该按钮，并在随后打开的"操作设置"对话框中的"单击鼠标"选项卡中设置"超链接到""结束放映"。可通过选中该按钮，右击选择"编辑超链接"命令来重新打开"操作设置"对话框。

选中按钮，右击，在弹出的快捷菜单中选择"编辑文字"命令，在按钮表面输入"结束"，退出编辑状态。

⑤ 转到第 3 张幻灯片。选中其中的"警钟"图片，右击，在弹出的快捷菜单中选择"大小和位置"命令，打开图 6-44 所示任务窗格。在任务窗格"大小"中去掉"锁定纵横比"，设置图片高度为 5 厘米，宽度为 7 厘米。在其下方"位置"中设置"从左上角"，"水平位置"为 14.5 厘米，"垂直位置"为 7.8 厘米。光标移至导航第 2 和第 3 张幻灯片之间，单击"开始"选项卡"幻灯片"功能区组中的"节"下拉按钮，选择"新增节"，则在第 2 张幻灯之后、第 3 张幻灯之前形成一个无标题节。

⑥ 转到第 4 张幻灯片，光标移至标题文字的第 2 行，删除第 2 行占位符。向下拖动图片，移动图片到文字下方，使图片尽量向下靠近底边，不再遮挡文字。双击图片，进入"图片工具 - 格式"选项卡，单击"排列"功能区组中的"对齐"按钮，选择"水平居中"，第 4 张幻灯片设置完毕。

⑦ 移动第 5 张幻灯片中的图片到底边位置，适当改变图片大小，以不遮盖文字为宜，如样张所示，选中图片，在"图片工具 - 格式"选项卡下"调整"功能区组中单击"更正"按钮，选择"锐化 / 柔化"中的"锐化：50%"，如图 6-45 所示。

图 6-44 "设置图片格式"任务窗格

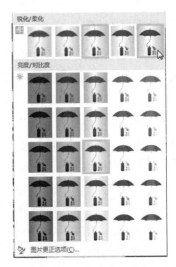

图 6-45 图片锐化处理

⑧ 移动第 6 张幻灯片中的图片到白色背景的右下角，可使用小键盘区的上下左右箭头进行微调，选中图片，右击，在弹出的快捷菜单中选择"置于底层"→"置于底层"。

选中内容中的四句话，单击"开始"选项卡"段落"功能区组中的"转换为 SmartArt"按钮，选择弹出选区中的"基本流程"，观察样张，旋转各个形状与样张基本相同即可。

⑨ 将光标置于导航区，全选中所有幻灯片。单击"切换"选项卡"切换到此幻灯片"功能区组中的"华丽型：百叶窗"，单击旁边的"效果选项"，选择"水平"。

（2）范例二实训步骤。

打开"实训六素材二"文件夹，打开"素材二 .pptx"：

① 设置幻灯片大小、编号及母版视图的格式。单击"设计"选项卡"自定义"功能区组中的"幻灯片大小"按钮，选择"自定义幻灯片大小"，在打开的"幻灯片大小"对话框中，设置"幻灯片大小"为 A4 纸张，"幻灯片编号起始值"设为 101，单击"确定"按钮。在弹出的确认对话框中选择"确保适合"，幻灯片大小、编号调整完毕。

选择"视图"选项卡"母版视图"功能区组中的"幻灯片母版"。选择第一张"Office 主题幻灯片母版"，设置其中的一级文本样式，字体选择"开始"选项卡"字体"功能区组中的"微软雅黑"。行距设置可单击"段落"功能区组中的"行距"按钮，设为 2.0。

② 设置背景。选择第 1 张幻灯片，右击，选择"设置背景格式"命令，在工作区右侧弹出的"设置背景格式"任务窗格中选择"填充"下的"图片或纹理填充"。插入图片来自于"文件"，浏览找到"实训六素材二"文件夹，选择"封面 .jpg"作为第一张幻灯片的背景。同理，一起选中后续的幻灯片，为其设置背景为"背景 .jpg"。

③ 设置艺术字、图片格式，设置形状链接。单击"导航区"幻灯片 1 之后位置，单击"开始"选项卡"幻灯片"功能区组中的"新建幻灯片"按钮，选择"空白"版式，第 2 张幻灯片出现。单击"插入"选项卡"文本"功能区组中的"艺术字"按钮，选择第 4 行第 5 列的样式，在出现的占位中输入"脸谱荟萃"。选中输入的艺术字，单击"绘图工具 - 格式"选项卡下"艺术字样式"功能区组中的"艺术字效果"按钮，选择"阴影：透视：右上对角透视"，阴影效果出现。

单击"插入"选项卡"图像"功能区组中的"图片"按钮，选中"图片 1.gif"插入。选中图片 1，单击"图片工具 - 格式"选项卡"排列"功能区组中的"旋转"按钮，选择"其他旋转选项"，在打开的"设置图片格式"任务窗格如图 6-46 一样设置，可使得图片 1 逆时针旋转 15°，单击"图片样式"功能区组中的"图片效果"按钮，选择"映像：映像变体：全映像，8pt 偏移量"，拖动图片 1 到与样张大致相同的位置。同理插入图片 2，设置其顺时针旋转 345°。选中图片 2，在"图片工具 - 格式"选项卡下"图片样式"功能区组中单击"图片边框"，选择粗细为 3 磅。

在"插入"选项卡"插图"功能区组中单击"形状"按钮，从中选择"箭头总汇：虚尾箭头"，在工作区中样张位置拖动出箭头，"形状样式"选择第 1 行第 1 列样式。在箭头上右击，在弹出的快捷菜单中选择"编辑文字"命令，在箭头上的占位区输入"结束放映"，在"插入"选项卡下的"链接"功能区，单击"动作"按钮，在弹出的"操作设置"中选择"超链接到""结束放映"，单击"确定"按钮，动作按钮设置完成。

④ 设置动画。选中图片 1，在"动画"选项卡下"动画"功能区组中选择强调动画中的陀螺旋。在"效

果选项"中选择"顺时针""旋转2周"。选中图片2,在"动画"选项卡下"动画"功能区组中选择"更多退出效果",选择"华丽型"→"玩具风车"。在"动画"选项卡的"计时"功能区组中对动画重新排序。若先选中图片1,则单击"向后移动",如图 6-47 所示,反之,则选择"向前移动"。经过调整,先播放图片 2 的动画,后播放图片 1 的动画。

⑤ 设置切换效果。选中第 3 张幻灯片,单击"切换"选项卡"切换到此幻灯片"中的"动态"里的"摩天轮"按钮。

图 6-46　图片逆时针旋转设置

图 6-47　动画顺序调整

⑥ 创建超链接。选中第 4 张幻灯片中的文字"表演艺术家",右击,选择"超链接"命令,在打开的"插入超链接"对话框中设置"链接到""本文档中的位置",选择"京剧艺术家 .pptx",链接创建成功。

⑦ 插入表格。新建"空白"版式的幻灯片作为最后一张。在幻灯片空白区域右击,在弹出的快捷菜单中选择"设置背景格式"命令,在打开的"设置背景格式"任务窗格中,在"填充"项下选择"图片或纹理填充",在"纹理"中选择"白色大理石"。

单击"插入"选项卡"表格"功能区组中的"表格"按钮。插入 2 行 5 列表格。表格中填入如样张的数据。单击"表格工具 - 布局"选项卡"排列"功能区组中的"对齐"按钮,选择"垂直居中"。

⑧ 选择"切换"选项卡"切换到此幻灯片"功能区组中的"华丽型:溶解"。单击"幻灯片放映"选项卡"设置"功能区组中的"设置幻灯片放映"按钮,在打开的"设置放映方式"对话框中设置"放映类型"为"观众自行浏览","放映选项"为"循环放映,按 ESC 键终止",单击"确定"按钮,放映方式设置完成。

六、实训延伸

使用 PowerPoint 2016 可以制作出生动活泼、富有感染力的幻灯片。幻灯片可以用于报告、总结、演讲、授课等各种场合。借助声音、图片、视频和文字的创意搭配,PowerPoint 2016 使用者可以明确而简洁地表达自己的观点。

PowerPoint 2016 的使用技巧,不仅仅局限于前面所述内容,还有若干细节等待读者去发现。下面编者就前面未详细讲述的内容做一补充。

1. 幻灯片顺序调整、隐藏

在制作完成多张幻灯片之后,若想调整其先后次序,既可以在普通视图模式左侧的幻灯片大纲窗

格 / 导航区中通过拖动的方式进行调整，也可以在幻灯片浏览视图中通过拖动的方式进行修改。幻灯片不仅可以新建、复制、删除，还可以进行隐藏。选择"幻灯片放映"选项卡，在"设置"功能区组中为选中的幻灯片设置"隐藏幻灯片"，则这些被设置了隐藏的幻灯片在放映时不会出现。

2．动画顺序调整

幻灯片一个重要特色就是动画的设置。一个对象可以设置多个动画，一张幻灯片内可以有多个动画。对于已经设置好顺序的动画，若想调整其顺序，必须通过"动画"选项卡，"高级动画"功能区组中的"动画窗格"进行，可以通过拖动的方式改变原有动画的顺序，还可以删除已经设置的动画。也可以通过"计时"功能区中的"向前移动"或"向后移动"调整动画的播放顺序。

3．截图及图片背景处理

PowerPoint 2016 中有"屏幕截图"功能，可以通过选择"插入"选项卡"图像"功能区组中的"屏幕截图"实现。单击该图标下的下拉按钮，选取"屏幕剪辑"，会自动最小化当前编辑窗口，用户可以自由剪辑其余打开的文档界面或者桌面。"图片工具 - 格式"选项卡"调整"功能区组中有"删除背景"图标，选中图片后单击该图标，自动打开"背景消除"选项卡，可以标记选定图片中要保留的区域或者是要删除的区域。通过设置，使得图片更加符合幻灯片需求。

4．激光笔的使用

幻灯片放映时，为了指出正在讲授的内容，可以使鼠标变成激光笔。只需在幻灯片放映时按【Ctrl】键，同时按下鼠标左键，则激光笔形态变换成功。

5．特色功能简介

PowerPoint 2016 的"特色功能"选项卡中可以"创建 PDF"，还可进行 PDF 与各种常用文件格式的转换，甚至提供了"文档翻译""论文查重"等个性化服务，方便了用户的使用。幻灯片中不仅可以插入文本框、图片、图形、音频、视频，还可以插入表格以及基于 Excel 表格的图表。

6．幻灯片的创建设计原则

PowerPoint 2016 新增功能极大地方便了演示文稿的设计用户，除了掌握常用的操作技能，在幻灯片的创建设计时，也需要掌握一定的规则：

（1）每张幻灯片上不要超过 7 行文字。

（2）标题文字要凝练，少而精。

（3）幻灯片上字体要大，能加粗的尽量加粗。

（4）背景不能过于繁杂。

（5）文字多而图形少时可用色块增加对比，减少枯燥感。

（6）可通过插入音频、视频等多媒体文件来丰富幻灯片。

只有精心的准备，熟练的技巧，用心的设计，才能做出精彩的 PPT 演示文稿。

【习题】

1. 本题所用的资料全部放在"练习 1"文件夹中，请打开"练习 1.pptx"，按照以下步骤进行操作，操作完成后保存操作结果，最终效果如图 6-48 所示。

（1）设置幻灯片大小：高 20 厘米、宽 25 厘米；幻灯片编号起始值为 101；应用"回顾"主题，第一种变体。

图 6-48　练习 1 样张

（2）第 1 张幻灯片，标题格式：88 号字。

（3）新建"仅标题"版式幻灯片，作为第 3 张幻灯片：标题为"手提式干粉灭火器使用方法"；插入两张图片："灭火器.jpg"和"方法.jpg"；设置图片"灭火器"的图片样式为"简单框架，白色"，并添加动画："进入：轮子"，慢速 3 秒；为"方法"图片添加动画为"进入：缩放"。

（4）第 2 张幻灯片中，为每段文字创建超链接，链接到相应的幻灯片，例如：文字"灭火器使用方法"超链接到第 3 张幻灯片；在右下角插入"动作按钮：空白"，超链接到"结束放映"，添加文字为"结束"。

（5）所有幻灯片切换效果均为"细微：随机线条"，效果选项为"水平"。

2. 本题所用的资料全部放在"练习 2"文件夹中，请打开"练习 2.pptx"，按照以下步骤进行操作，操作完成后保存操作结果，最终效果如图 6-49 所示。

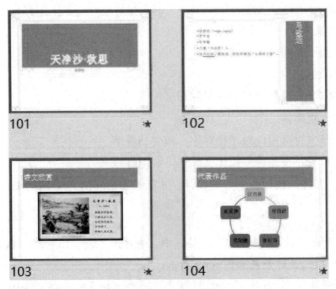

图 6-49　练习 2 样张

（1）幻灯片大小为 A4 纸张，编号起始值为 101；应用"基础"主题，第 3 种变体；编辑主题幻灯片母版，标题占位符采用第 3 行第 4 列形状样式。

（2）将第 3 张幻灯片移至第 2 张，文字"关汉卿"插入超链接，链接到网页 http://www.baidu.com。

（3）第 3 张幻灯片更改为"仅标题"版式，标题为"诗文欣赏"，插入图片"图 1.jpg"，应用"复杂框架，黑色"图片样式。

（4）第 4 张幻灯片，将文本（5 段）转换成 SmartArt 图形：循环类的不定项循环，应用"彩色范围——个性色 5 至 6"主题颜色和"细微效果"样式；整个图形添加进入类动画："飞入，自左下部，上一动画之后，快速 1s，逐个播放"。

（5）所有幻灯片设置切换效果为"随机线条，水平，持续时间 0.5s"。

3. 本题所用的资料全部放在"练习 3"文件夹中，请打开"练习 3.pptx"，按照以下步骤进行操作，操作完成后保存操作结果，最终效果如图 6-50 所示。

（1）除标题幻灯片外，其余幻灯片均显示页脚（内容为"请节约用水"）和幻灯片编号。

（2）第 1 张幻灯片，添加背景"点线：5%"图案填充；插入图片：图 1.jpg，高度为 8 厘米，放置在幻灯片右下角。

（3）第 2 张幻灯片，为右侧图片添加"飞出"退出动画效果；标题添加"放大/缩小"强调动画效果，动画播放后隐藏；更改动画顺序为标题、左中右三张图片。

（4）第 3 张幻灯片，更改为"空白"版式，插入 SmartArt 图形：循环类的文本循环，应用三维"嵌入"样式，内容如图 6-51 所示。

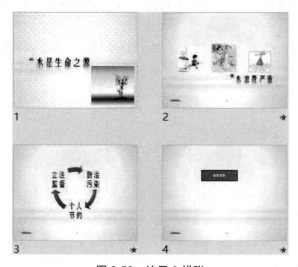

图 6-50　练习 3 样张　　　　　　　　　　图 6-51　样例

（5）新建第 4 张幻灯片："空白"版式，插入"动作按钮：空白"，实现"结束放映"跳转功能，添加文本"谢谢观看"。

（6）后两张幻灯片设置"细微：揭开"切换效果，持续时间 5 秒。

4. 本题所用的资料全部放在"练习 4"文件夹中，请打开"练习 4.pptx"，按照以下步骤进行操作，操作完成后保存操作结果，最终效果如图 6-52 所示。

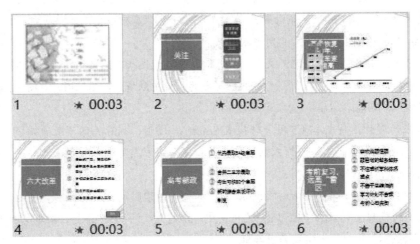

图 6-52　练习 4 样张

（1）设置幻灯片主题为"地图集"，第 4 种变体；幻灯片大小为"A4 纸张"；设置主题幻灯片母版格式，其中标题格式：黑体、54 号；第一级文本格式：黑体，38 号字，1.5 倍行距，添加编号为"①，120% 字高"。

（2）新建"空白"版式幻灯片，作为第 1 张幻灯片。插入图片"封面.jpg"，应用"金属框架"图片样式；为该图片添加两个动画，第一个是"进入：螺旋飞入"，慢速（3 秒）；第二个是"强调：跷跷板"，上一动画之后开始、延迟 3 秒。

（3）在第 2 张幻灯片中，将文本转换为 SmartArt 图形"垂直块列表"，更改颜色为第一种彩色；将"高考六大改革"文字超链接到第 4 张幻灯片。

（4）在第 4 张幻灯片中，在右下角添加"动作按钮：空白"，链接到第 2 张幻灯片，显示文字"返回"。

（5）所有幻灯片切换效果均为"华丽：立方体"，设置自动换片时间为 3 秒。

实训七
Visio 2016 图形绘制

一、实训目的

（1）熟悉 Visio 2016 的操作环境。

（2）掌握 Visio 2016 图形绘制的基本方法。

（3）学会使用 Visio 2016 绘制常见图形，如流程图、组织结构图等。

二、实训准备

1. 流程图

流程图是将解决问题的详细步骤分别用特殊的图形符号表示，图形符号之间用线条连接以表示处理的流程。

2. 基本流程图结构

基本流程图包括顺序结构、选择结构和循环结构等。

（1）顺序结构：顺序结构是最简单的流程结构，表示处理程序按顺序进行，其画法如图 7-1 所示。

（2）选择结构：又称条件结构，表示流程依据某个判断条件，根据结果"是"或"否"分别进行不同的程序处理，其画法如图 7-2（a）和图 7-2（b）所示。

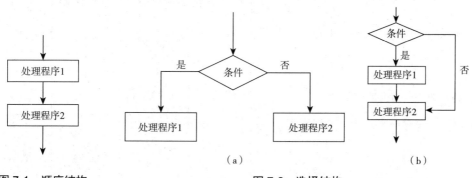

图 7-1 顺序结构   图 7-2 选择结构

（3）循环结构：包含一个条件语句和程序执行语句，表示程序处理按某条件循环执行，分为当型、直到型两种，其画法如图 7-3（a）和图 7-3（b）所示。

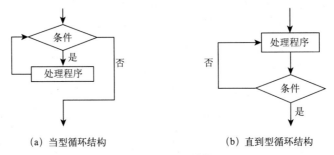

（a）当型循环结构　　　　　　　（b）直到型循环结构

图 7-3　循环结构

在实际应用中，顺序结构、选择结构和循环结构并不是彼此孤立的，根据实际需求可以相互嵌套。

3．形状

Visio 2016 中的所有图标元素都称为形状，形状是 Visio 2016 中绘图的最基本单元，形状包括形状窗格提供的图形、绘制的各种文本框、线条，以及插入的图片、图表等。

流程图使用一些标准形状代表某些特定的操作或处理，下面是一些常用的流程图形状：

（1）圆角矩形◯：表示"开始"或"结束"。

（2）矩形▢：表示行动方案、普通工作环节。

（3）菱形◇：表示问题判断或判定环节。

（4）平行四边形▱：表示输入 / 输出。

（5）箭头↓：表示工作流方向。

三、实训内容

（1）使用 Visio 2016 软件绘制基本流程图，模拟计算机程序计算三角形面积的过程，流程图效果如图 7-4 所示。

（2）使用 Visio 2016 软件绘制跨职能流程图，跨职能流程图效果如图 7-5 所示。

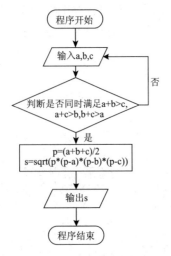

图 7-4　算法流程图

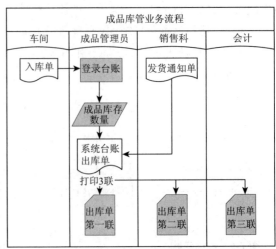

图 7-5　跨职能流程图

（3）使用 Visio 2016 软件绘制某个单位的组织结构图，效果如图 7-6 所示。

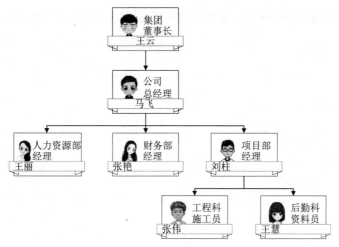

图 7-6 组织结构图

四、实训要求

（1）熟悉 Visio 2016 软件环境，使用 Visio 2016 提供的模板绘制基本流程图。

（2）在掌握流程图绘制基础上完成跨职能流程图的绘制。

（3）掌握使用模板和向导绘制组织结构图，以及组织结构图和 Excel 数据表的互相转化方法。

五、实训步骤

实训 1：绘制基本流程图

（1）使用"基本流程图"模板。

单击"文件"菜单中"新建"命令，选择"空白绘图"，如图 7-7 所示；弹出"创建"对话框，单击"创建"按钮，弹出编辑界面，如图 7-8 所示，单击"形状窗格"中的"更多形状"，选择"流程图"中的"基本流程图形状"，如图 7-9 所示。

图 7-7 新建空白绘图

选项卡

功能区

形状窗格

绘图区

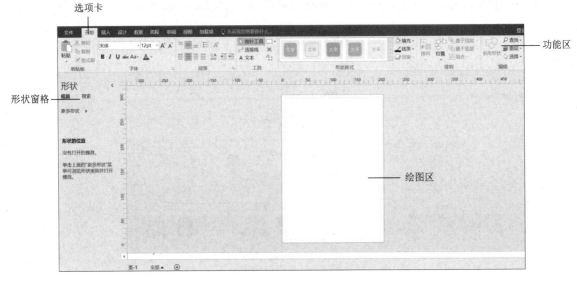

图 7-8　编辑界面

图 7-9　添加基本流程图形状

（2）在绘图区创建第一个形状。

将 Visio 2016 软件左侧形状窗格中的"开始 / 结束"形状拖动到绘图区合适位置，单击刚才创建的形状，形状周围出现八个白色矩形"选择手柄"，通过"选择手柄"可调整形状的大小；通过形状顶端的圆形"旋转手柄"可调整形状的角度，如图 7-10 所示。双击当前形状，在出现的文本编辑框中输入"程序开始"，设置适当的文本字体格式及字号，第一个形状创建完成。

（3）其他形状的创建。

将窗格中"数据"形状拖动到绘图区"程序开始"形状下方，适当调整其形状，并双击输入文本"输入 a,b,c"。

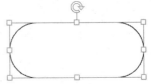

图 7-10　选择手柄和旋转手柄

（4）连接线的使用。

在"开始"选项卡的"工具"功能区组中单击"连接线"按钮，拖动光标连接当前两个形状，如图 7-11 所示；按【Esc】键取消"连接线"功能，单击连接线，在"开始"选项卡"形状样式"功能区组中单击"线条"按钮，选择"线条选项"，如图 7-12 所示，右侧弹出"设置形状格式"任务窗格，设置连接线格式，包括颜色、宽度、箭头类型等属性，如图 7-13 所示。

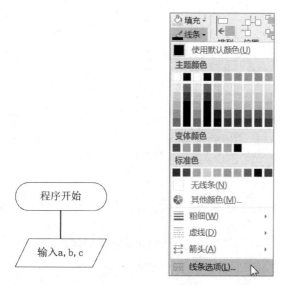

图 7-11　使用连接线　　　图 7-12　线条选项

图 7-13　设置形状格式

（5）按以上方法依次添加相应的形状，绘制图 7-14 所示的流程图。

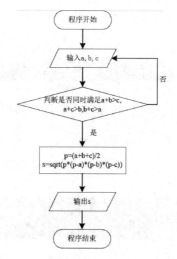

图 7-14　计算三角形面积算法流程图

（6）文本工具的使用。

双击连接线或选定连接线，单击"开始"选项卡"工具"功能区组中的"文本"按钮，在出现的文本编辑框中输入相应的文本。

至此，基本流程图创建完成，读者可依此方法设计满足不同应用需求的流程图。

实训2：绘制跨职能流程图

（1）使用"跨职能流程图"模板。

打开 Visio 2016，在"文件"菜单的"新建"命令中单击"类别"，如图 7-15 所示，选择"流程图"模板中的"跨职能流程图"，如图 7-16 所示，最后单击"创建"按钮，即可创建图 7-17 所示跨职能流程图。

图 7-15　新建跨职能流程图（一）　　　　　　图 7-16　新建跨职能流程图（二）

（2）新增"泳道"。

在"跨职能流程图"选项卡"插入"功能区组中单击"泳道"按钮，如图 7-18 所示，即可增加一条"泳道"。或将左侧"跨职能流程图形状"窗格中的"泳道"形状拖动到当前流程图中，也可新增泳道。增加"泳道"后的流程图如图 7-19 所示。

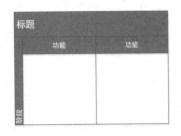

图 7-17　新建跨职能流程图（三）

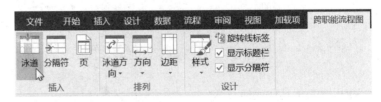

图 7-18　新增泳道

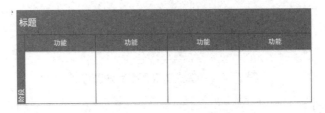

图 7-19　增加泳道后流程图

（3）调整跨职能流程图样式和大小。

在"跨职能流程图"选项卡"设计"功能区组中单击"样式"按钮，选择"具有填充样式 3"的样式调整跨职能流程图样式，按【Ctrl+A】组合键全选跨职能流程图，在"开始"选项卡"形状样式"功能区组中分别修改填充色为"无填充"，线条为"黑色"， 在"开始"选项卡"字体"功能区组中修改字体颜色为"黑色"，最后通过跨职能流程图的选择手柄调整流程图到适当的大小及位置，修改后的跨职能流程图如图 7-20 所示。

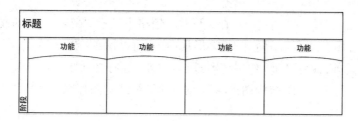

图 7-20　修改样式后流程图

（4）编辑文本。

双击跨职能流程图中的"标题"文本，在文本编辑框中将其改为"成品库管业务流程"，将文字"居中对齐"。同样方法将"功能"分别改为"车间""成品管理员""销售科""会计"，并设置文本的字体及格式，如图 7-21 所示。

成品库管业务流程			
车间	成品管理员	销售科	会计

图 7-21　编辑文本

（5）形状的添加与编辑。

将形状窗格中的"文档"形状拖到绘图区的"车间"泳道下，拖动过程中 Visio 会将拖动的形状根据泳道左对齐、居中对齐或右对齐。

双击当前形状，在文本编辑框中输入"入库单"，并调整文本字体及格式。

使用浮动工具栏或拖动形状窗格中具体形状到绘图区的方式，参见图 7-5 要求创建跨职能流程图的其他形状，并分别调整各自大小位置及格式，编辑文本内容。

（6）形状间距及位置的调整。

单击"开始"选项卡"排列"功能区组中的"位置"按钮，选择"自动对齐和自动调整间距"可以调整流程图的间距和对齐方式。对于多个形状位置的调整，首先选取欲调整位置的多个形状，选择"位置"按钮所包含的对齐方式即可调整。

（7）分割线的显示/隐藏设置。

对于有多个阶段绘图需求的流程图，可将形状窗格中的"分割线（垂直）"拖到绘图区，在垂直跨职能流程图内的两个阶段之间添加水平分隔符。本例只有一个阶段，在"跨职能流程图"选项卡"设计"功能区组中不勾选"显示分隔符"，即可隐藏流程图最左侧"阶段"所在的文本框。

至此，跨职能流程图绘制完成。

实训 3：绘制组织结构图

（1）使用"组织结构图"模板绘制组织结构图。

在"文件"菜单中"新建"命令中单击"类别"，选择"商务"模板中的"组织结构图"，单击"创建"，在"形状"窗格中显示"带 - 组织结构图形状"，如图 7-22 所示，同时"更多形状"中也可以找到"带 - 组织结构图形状"，此外，除了"带 - 组织结构图形状"外，还有"凹槽 - 组织结构图形状""石头 - 组织结构图形状"等多种组织结构图形状模板。

将形状窗格中的"高管带"拖到绘图区合适位置，当前形状显示字段为"姓名"和"职务"，如图 7-23 所示。

在"组织结构图"选项卡"形状"功能区组中单击右下角的"显示选项"按钮，在打开的对话框中，通过"选项"选项卡修改形状的大小；在"字段"选项卡中勾选"部门"，通过"上移""下移"按钮将其移动到最上方，如图 7-24 和图 7-25 所示；单击形状，在"开始"选项卡"字体"功能区组中对每个字段的字体、大小及颜色分别进行适当的修改，双击形状，将当前形状的"部门"改为"集团"，"职务"改为"董事长"，"姓名"改为"王云"，如图 7-26 所示。

图 7-22　带 - 组织结构图形状

图 7-23　绘制形状　　　　图 7-24　字段属性修改

图 7-25　修改形状内容

将形状窗格中的"经理带"形状拖动到绘图区，覆盖到已创建好的第一个形状，新添加的"经理"形状会作为上一个形状的下属，调整相应的位置，将新绘制的二级形状中的文本按图 7-6 要求做相应的修改，如图 7-27 所示。

参照图 7-6 样式，依据上述形状的绘制方法，将"职位带"形状拖动到绘图区"经理"形状上面，作为"经理"级的下属，用相同方法绘制两个"职位"形状。选中新添加的三个"职位"形状，在"组织结构图"选项卡"布局"功能区组，选择"水平居中"，将当前三个形状进行合理布局。

图 7-26 修改字段后形状

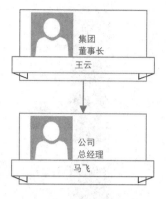

图 7-27 绘制经理形状

参照图 7-6 样式，分别将绘图区新添加形状中的字段做相应的修改。

在绘制的组织结构图中，选中第一级形状，在"组织结构图"选项卡"图片"功能区组中单击"插入"下方的下拉按钮，单击"图片"，在弹出的"插入图片"对话框中选定要插入的图片，单击"打开"按钮，插入相应的图片，对插入的图片大小及位置进行适当的调整。以同样的方式为其他形状添加图片，并做适当的调整。

至此，组织结构图绘制完成。

（2）使用"组织结构图向导"绘制组织结构图。

本例要求先在 Excel 2016 中创建表 7-1 所示的"示例数据表"。创建数据表时，须注意每个人员的所属关系，所属关系决定其在组织结构图中的位置。除第一级形状对应的人员外，下一级形状对应人员的"所属部门"项都要对应上一级的"部门"项。

表 7-1 示例数据表

员 工 编 号	姓 名	职 务	部 门	所 属 部 门
A001	王云	董事长	集团	
B001	马飞	总经理	公司	集团
C001	王丽	经理	人力资源部	公司
C002	张艳	经理	财务部	公司
C003	刘柱	经理	项目部	公司
D004	张伟	施工员	工程科	项目部
D005	王慧	资料员	后勤科	项目部

① 在"新建"项中，选择"类别"，单击"商务"模板中的"组织结构图向导"，如图 7-28 所示，单击"创建"按钮。

② 在打开的"组织结构图向导"对话框中选择"已存储在文件或数据库中的信息"，单击"下一步"按钮，如图 7-29 所示。

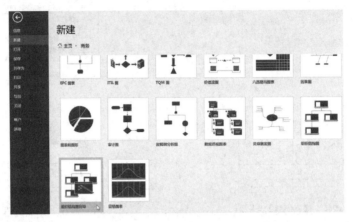

图 7-28　组织结构图向导

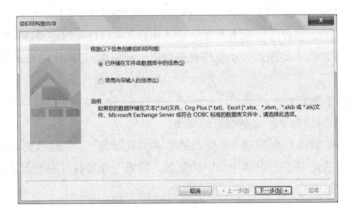

图 7-29　组织结构图向导步骤（一）

③ 在接下来的对话框中选择第三项，单击"下一步"按钮，如图 7-30 所示。

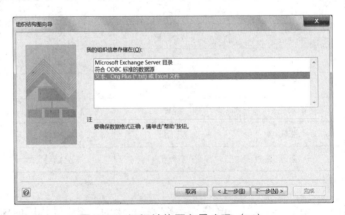

图 7-30　组织结构图向导步骤（二）

④ 在接下来的对话框中，单击"浏览"按钮，找到 Excel 数据表存储的路径及文件，单击"下一步"按钮，如图 7-31 所示。

图 7-31　组织结构图向导步骤（三）

⑤ 在接下来的对话框中将"隶属于"选项改为"所属部门"，单击"下一步"按钮，如图 7-32 所示。

图 7-32　组织结构图向导步骤（四）

⑥ 在接下来的对话框中将"部门""姓名""职务"添加到显示字段中，并调整显示顺序，单击"下一步"按钮，如图 7-33 所示。

图 7-33　组织结构图向导步骤（五）

⑦ 在接下来的对话框中分别将"所属部门""部门""姓名""职务"字段添加到形状数据字段中，单击"下一步"按钮，如图 7-34 所示。

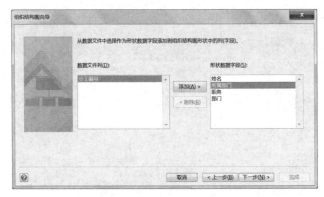

图 7-34　组织结构图向导步骤（六）

⑧ 在接下来的对话框中选择"查找包含您的组织图片的文件夹"，单击"浏览"按钮，找到组织图片存储的路径，选择"基于以下内容匹配图片"中的"姓名"，单击"下一步"按钮，如图 7-35 所示，注意图片文件命名方式必须与导入的 Excel 中"姓名"字段相匹配，如图 7-36 所示。

图 7-35　组织结构图向导步骤七　　　　　图 7-36　图片命名

⑨ 在接下来的对话框中选择"顶层总经理形状"，单击"完成"按钮，如图 7-37 所示，至此完成组织结构图的绘制，按【Ctrl+A】组合键全选组织结构图，在"组织结构图"选项卡"布局"功能区组，选择"水平居中"。

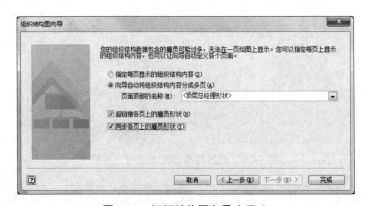

图 7-37　组织结构图向导步骤八

（3）通过导入 Excel 2016 数据绘制组织结构图。

通过导入 Excel 2016 数据完成组织结构图的绘制，首先要求创建表 7-1 样式的 Excel 数据表，表内容可自行添加。

打开 Visio 2016 软件，在"文件"菜单"新建"命令中选择"商务"模板中的"组织结构图"，单击"创建"按钮。

在"组织结构图"选项卡"组织数据"功能区组中单击"导入"按钮，选择预先创建好的 Excel 数据表，后续操作与使用向导绘制组织结构图类同，按前述步骤操作即可。

（4）利用已有的组织结构图导出 Excel 数据。

在 Visio 2016 软件中打开图 7-6 所示 Visio 组织结构图。

在"组织结构图"选项卡"组织数据"功能区组中，选择"导出"按钮，在弹出的"导出组织结构图数据"对话框中，选择要保存 Excel 数据表的路径和名称，单击"保存"按钮，即可导出 Excel 数据表。

至此，我们已学习了如何在 Visio 中创建组织结构图，以及 Visio 组织结构图与 Excel 数据表的互相转化。其实，除了 Visio 与 Excel 可以互相转化外，Microsoft Office 各组件间都可以交换和共享信息，这种直接、便利的联系，极大地提高了 Office 办公软件的效率。

六、实训延伸

一次添加多个形状：将形状窗格的"多个形状"拖动到绘图区相应位置，在打开的对话框中设置形状样式及其个数，如图 7-38 所示。功能类似的还有"三个职位"形状，可自行实验。

"助理"形状的使用：将左侧形状窗格的"助理"拖动到绘图区即可生成助理形状，助理形状与下属形状不同，如图 7-39 所示。

图片的管理：在"组织结构图"选项卡"图片"功能区组中可对选中的形状进行图片的添加、删除及图片的显示 / 隐藏管理，操作步骤为先选中形状（非形状中的图片），再进行相应的添加、删除等操作。

图 7-38　多个形状的绘制

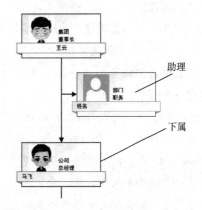

图 7-39　助理与下属

【习题】

一、选择题

1. 在 Visio 2016 中，要将某个形状（如"文档"）从绘图区中删除，正确的操作是（　　　）。

　　A. 单击该形状　　　　　　　　　　B. 单击并按【Delete】键

　　C. 双击该形状　　　　　　　　　　D. 将形状拖出图表页

2. 在 Visio 2016 中，下面（　　　）不是获得形状的方法。

　　A. 在"更多形状"菜单下选择"新建模具"

　　B. 在形状窗口中，选择模板或模具

　　C. 在文件"新建"中选择模板

　　D. 插入一张图片

3. 按（　　　）组合键即可选择当前绘图页内的所有形状。

　　A. 【Ctrl+A】　　　B. 【Ctrl+B】　　　C. 【Alt+A】　　　D. 【Alt+B】

4. 使用 Visio 软件创建某单位的组织关系图，应该选择（　　　）。

　　A. 基本流程图　　　B. 网络　　　C. 图表和图形　　　D. 组织结构图

5. 在 Visio 2016 中，形状与形状之间需要利用线条来连接，该线条被称作（　　　）。

　　A. 连接线　　　B. 直线段　　　C. 箭头　　　D. 连线条

6. 在 Visio 2016 中，图 7-40 所示形状模板属于（　　　）模板。

图 7-40　选择题 6

　　A. 基本流程图　　　B. 框图　　　C. 跨职能流程图　　　D. 组织结构图

7. 在 Visio 2016 中，在创建"组织结构图"过程中，为提高效率可以使用软件提供的"布局"功能，以下（　　　）布局不会被使用到。

　　A. 布局中的右偏移量　　　　　　　B. 布局中的水平居中

　　C. 布局中的并排一侧　　　　　　　D. 布局中的垂直左对齐

8. 在 Visio 2016 中，可以与 Excel 数据表相互转化的是（　　　）。

　　A. 基本流程图　　　B. 框图　　　C. 跨职能流程图　　　D. 组织结构图

9. 在 Visio 2016 中，以下说法错误的是（　　　）。

　　A. 是一种图形和绘图应用程序

　　B. 可创建于数据相连的动态图表信息，并且能够分析和传递这些信息

　　C. 可将复杂文本和表格转换为传达信息的 Visio 图表

　　D. 提供许多形状和模板，可满足多种不同的绘图需求

10. 在 Visio 2016 中，要将某个形状（如"矩形"）从"形状"窗口中放入绘图区，正确的操作

是（　　）。

  A. 单击该形状 B. 右击该形状 C. 双击该形状 D. 单击并拖动该形状

11. 如想让没有安装任何 Visio 组件而安装 Web 浏览器的用户观看并与人共享 Visio 图表与形状数据，应该将图表另存为（　　）。

  A. AutoCAD 文件 B. 网页文件 C. 标准图像文件 D. PDF 文件

12. 在 Visio 2016 中，欲将图片添加到组织结构图中，正确的操作方法是（　　）。

  A. 单击菜单栏中"插入"→"剪贴画"命令

  B. 单击菜单栏中"插入"→"图片"命令

  C. 右击图表页中"形状"，选择"图片"→"更改图片"命令

  D. 选中图表页中"形状"，单击菜单栏中"插入"→"图片"命令

13. 在 Visio 2016 中，以下关于组织结构图，说法正确的是（　　）。

（1）可方便地导入组织结构图中的数据

（2）组织结构图中形状可以显示基本信息或详细信息

（3）可将图片添加到组织结构图形状中

（4）组织结构图是一种常用于显示成员、职务和组织之间关系的层次图

（5）复杂的组织结构图也可能是网状的，因此可以用网络模板中的形状代替

（6）使用"组织结构向导"建立的组织结构图只是示例，没有使用价值

  A.（1）（2）（3）（4）（5）（6） B.（1）（2）（3）（4）（5）

  C.（1）（2）（3）（4） D.（1）（2）（3）

14. 在 Visio 2016 中，图 7-41 所示形状模板属于（　　）模板。

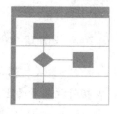

图 7-41　选择题 14

  A. 组织结构图 B. 框图 C. 跨职能流程图 D. 组织结构图向导

15. 在 Visio 2016 中，如图 7-42 所示，当单击页面上的形状时，其四周出现蓝色小方块，及上方一个小圆点，它们是（　　）。

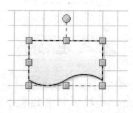

图 7-42　选择题 15

    A. 自动连接点、控制手柄   B. 旋转手柄、自动连接点

    C. 控制手柄、旋转手柄   D. 改变形状手柄、控制手柄

    16. 在 Visio 2016 中，如图 7-43 所示，带箭头的虚线矩形框是组织结构模板中的"小组框架"形状，其主要作用是（   ）。

图 7-43　选择题 16

    A. 增加美观，引起关注   B. 表示明确的隶属关系

    C. 突出显示小组关系   D. 表示辅助的隶属结构

    17. 在 Visio 2016 中，图 7-44 所示形状模板属于（   ）模板。

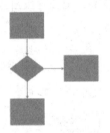

图 7-44　选择题 17

    A. 基本流程图   B. 框图   C. 跨职能流程图   D. 组织结构图

    18. 在 Visio 2016 中，如图 7-45 所示，当指针放在页面上已有的形状上时，其上方出现的蓝色小圆圈是（   ）。

图 7-45　选择题 18

    A. 控制手柄   B. 旋转手柄   C. 自动连接点   D. 改变形状手柄

    19. 在 Visio 2016 中，如图 7-46 所示，要对形状中的文字进行自由旋转和移动，首先单击该形状，然后再使用（   ）。

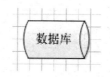

图 7-46　选择题 19

A.  指针工具　　　B. 　　　　　　C. 　　　　　　D. 形状上的旋转手柄

20. 以下不属于基本流程图结构的是（　　）。

A. 顺序结构　　　　B. 条件结构　　　　C. 循环结构　　　　D. 并行结构

21. 在 Visio 2016 基本流程图中，圆角矩形一般用来表示（　　）。

A. 开始　　　　　　B. 结束　　　　　　C. 属性　　　　　　D. 开始或结束

22. 在 Visio 2016 中，对齐形状不可以使用的是（　　）。

A. 左对齐　　　　　B. 右对齐　　　　　C. 水平居中　　　　D. 分散对齐

23. 在 Visio 2016 中，不支持的插图类型是（　　）。

A. jpg 图片　　　　B. 图表　　　　　　C. CAD 绘图　　　　D. 影视片段

24. 在 Visio 2016 中，要设计家居规划图，其类别属于（　　）模板。

A. 常规　　　　　　B. 工程　　　　　　C. 地图和平面布置图　　　D. 平面布置图

25. 在 Visio 2016 中，"泳道图"指的是（　　）。

A. 流程图　　　　　B. 基本流程图　　　C. 跨职能流程图　　D. 工作流程图

26. 执行"开始"选项卡"工具"功能区组中的"矩形"工具与"椭圆"工具命令绘制形状时，按住（　　）键即可绘制正方形与圆形。

A. 【Alt】　　　　　B. 【Shift】　　　　C. 【Ctrl】　　　　D. 【Enter】

27. 在 Visio 2016 中，要去除绘图区中的网格，正确的操作是（　　）。

A. 单击菜单栏中"开始"项，选择"填充"→"无填充"命令

B. 单击菜单栏中"设计"项，选择"主题颜色"→"无"命令

C. 单击菜单栏中"设计"项，选择"背景"→"无背景"命令

D. 单击菜单栏中"视图"项，选择"显示"命令，取消选中"网格"复选框

28. 在 Visio 2016 中，保存流程图的快捷键是（　　）。

A. 【Ctrl+A】　　　B. 【Ctrl+C】　　　C. 【Ctrl+S】　　　D. 【Ctrl+B】

29. 在 Visio 2016 中，不属于连接线类别的是（　　）。

A. 直角　　　　　　B. 圆角　　　　　　C. 直线　　　　　　D. 曲线

30. 通过（　　）可将 Visio 2016 中的图片设置为不可见。

A. 图层属性　　　　B. 置于底层　　　　C. 组合图片　　　　D. 锁定图层

二、操作题

1. 参照图 7-47，绘制跨职能流程图。

操作过程如下：

（1）创建"跨职能流程图"。打开 Visio 2016，在"文件"菜单的"新建"命令中，单击"类别"，选择"流程图"模板中的"跨职能流程图"，单击"创建"按钮。

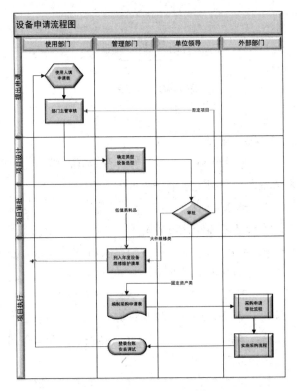

图 7-47　习题 1 示例

（2）添加"泳道"。在"跨职能流程图"选项卡"插入"功能区组中单击"泳道"，即可增加一条"泳道"。或将左侧"跨职能流程图形状"窗格中的"泳道"形状拖动到当前流程图中，也可新增泳道。

（3）调整跨职能流程图样式和大小。在"跨职能流程图"选项卡"设计"功能区组中，单击"样式"，选择"无填充颜色样式 2"；按【Ctrl+A】组合键全选跨职能流程图，在"开始"选项卡"形状样式"功能区组中，分别修改填充色为"蓝色"，线条为"黑色"，效果为"棱台 - 圆"，在"开始"选项卡"字体"功能区组中，修改字体颜色为"黑色"，最后通过跨职能流程图的选择手柄调整流程图到适当的大小及位置。

（4）编辑文本。双击跨职能流程图中的文本，在文本编辑框中编辑相应文本内容。

（5）单击窗口左侧"形状"窗格中的"基本流程图形状"，将对应样式的"形状"拖动至相应"泳道"中，并用"连接线"连接各形状，完成绘制。

2.使用组织结构图向导，使用表 7-2 示例数据表绘制组织结构图。

操作过程如下：

（1）创建 Excel。将表 7-2 中的数据复制粘贴到新建的 Excel 表格中，并命名为"表 7-2 示例数据表 .xlsx"。

（2）开始"组织结构图向导"。在"文件"菜单"新建"命令中选择"类别"，单击"商务"模板中的"组织结构图向导"，单击"创建"按钮。

（3）按"组织结构图向导"要求完成组织结构图，结果如图 7-48 所示。

表 7-2　示例数据表

部门编号	部门名称	负责人	职务	所属部门
001	学校	常天	校长	
002	院办	刘晓彤	主任	001
003	团委	隋飞飞	书记	001
004	教务处	赵德文	处长	001
005	政教处	吴文	处长	001
006	后勤处	刘大勇	处长	001
007	第一团支部	祁正	书记	003
008	第二团支部	刘卫东	书记	003
009	教学检查组	魏东东	组长	004
010	学风督导组	刘莉	组长	005
011	第一食堂	董伟	经理	006
012	第二食堂	王大军	经理	006

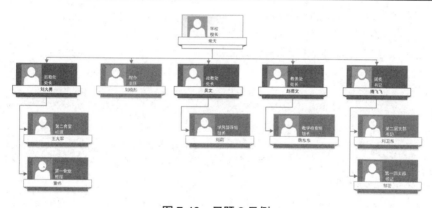

图 7-48　习题 2 示例

3. 使用组织结构图模板绘制习题 2 生成的组织结构图，并为每个形状添加图片。

操作过程如下：

（1）创建"组织结构图"，在"文件"菜单中"新建"命令中单击"类别"，选择"商务"模板中的"组织结构图"，单击"创建"按钮。

（2）绘制"高管带"形状。将形状窗格中的"高管带"拖动到绘图区合适位置，当前形状显示字段为"姓名"和"职务"，在"组织结构图"选项卡"形状"功能区组中单击右下角的"显示选项"按钮，在打开的对话框中，通过"选项"选项卡修改形状的大小；在"字段"选项卡中勾选"部门"，通过"上移""下移"按钮将其移动到最上方，单击"确定"按钮，并编辑对应文本内容。

（3）绘制下级形状。将形状窗格中的"经理带"形状拖动到绘图区，覆盖到已创建好的第一个形状，新添加的"经理"形状会作为上一个形状的下属，调整相应的位置，将新绘制的二级形状中的文本进行相应修改。以同样的方式添加三级形状"职位带"，并编辑对应文本内容。

（4）调整位置和格式。完成组织结构图。

4. 比较在 Visio 中绘制组织结构图和使用 PowerPoint 的 SmartArt 工具插入组织结构图两者的区别。

简述如下：

（1）Visio 中绘制组织结构图可以利用"绘制组织结构图向导"导入 Excel 表格的方式进行，PPT 不能。

（2）Visio 中绘制的组织结构图可以导出为 Excel 表格，PPT 不能。

（3）Visio 中绘制组织结构图可以在"形状"中插入图像，PPT 不能。

（4）Visio 中绘制的组织结构图比 PPT 有更多的"形状"样式。

（5）Visio 通过"形状"绘制的组织结构图比 PPT 更便捷、丰富、形象。

实训八
Access 2016 数据库
基础应用

一、实训目的

（1）掌握 Access 2016 数据库中数据对象（数据表）的创建方法及数据表中记录的插入、删除、修改操作。

（2）掌握 Access 2016 数据库中数据对象（窗体）的创建方法及利用窗体对记录进行操作。

（3）掌握 Access 2016 数据库中数据对象（查询）的创建方法及利用查询对记录进行操作。

（4）掌握 Access 2016 数据库中数据对象（报表）的创建方法及利用报表对记录进行操作。

二、实训准备

1. 常用 Access 2016 数据库对象

Access 2016 数据库包含七种对象：数据表、窗体、查询、报表、页、宏和模块，这里只介绍最常用的前四种对象。

（1）数据表：是数据库中用于存储数据的对象，是数据库系统的基础，是其他对象直接或间接的数据来源，是一组相关数据按行、列排列的二维表，类似于 Excel 电子表格。表中的每一行称为记录，表中的每一列称为字段。每个数据表都应设置一个主键，以区分表中的每一条记录。

（2）窗体：用于显示或者输入数据的人机交互界面，用户可通过它实现记录的输入、显示、编辑以及应用程序的执行控制。在窗体中可以运行宏和模块，以实现更加复杂的功能。

（3）查询：是数据库中应用最多的对象之一，可以从数据库中筛选满足条件的记录，并将这个结果集显示在一个虚拟的数据表窗口，用户可以进行浏览、查询、打印、修改等操作。

（4）报表：是可以进行计算、打印、分组、汇总数据一种数据库对象，它的大多数功能与窗体的相似，主要区别在于输出的目的不同，窗体主要用于接收用户的输入或将数据显示在屏幕上；而报表主要用于查看数据并进行统计等操作，可以在屏幕上查看，也可将数据输出到打印机，还可在Internet 上发布。

2. 常用 Access 2016 数据库对象的视图类型及用途

Access 2016 为每个数据库对象提供了不同的视图类型，常用数据库对象的视图类型及用途如表8-1所示。

表 8-1　常用数据库对象的视图类型及用途

数据库对象	视图类型	用　　途
数据表	设计视图	用于定义、设计、修改数据表的结构，包括字段名称和数据类型，并设置字段的属性
	数据表视图	用于数据表中记录的添加、删除、修改、查看，还可以进行字段的添加、删除与修改，是系统默认的视图
窗体	窗体视图	用于在窗体中显示表或查询中的数据，但不能进行窗体的编辑和属性的设置
	布局视图	可以对窗体进行修改和编辑，处于运行状态，可看到实际的数据效果
	设计视图	用于创建和修改窗体，包含窗体的页面页眉、主体和页面页脚，不会显示数据
查询	数据表视图	用于显示查询的结果，还可以浏览、添加、搜索、编辑或删除查询的结果
	设计视图	用于在查询设计窗格中创建和修改查询
	SQL 视图	通过编写 SQL 语句来创建查询
报表	报表视图	用于查看报表在屏幕端的显示效果
	打印预览	用于预览将报表打印到纸张的实际效果
	布局视图	用于修改设计报表，处于运行状态，可看到实际的报表数据
	设计视图	用于创建和修改报表，包含报表的页面页眉、主体和页面页脚，不会显示数据

注意：

同一个数据库对象不同类型视图，可通过状态栏右下角的视图形状进行切换。

3. 主键

主键，又称主码，用于区分数据表中的每一条记录，由数据表中的一个或多个字段组成。主键不能取空值，也不能取重复值，一个数据表只能有一个主键。

4. 外键

外键，又称外码，它不是数据表的主键，但它是另一个数据表的主键。外键的值要么取空值，要么与另一个数据表中的主键值相等，具体取值与实际应用需求有关。一个数据表可以有多个外键。数据表之间通过主键、外键建立关联关系，进行相互引用。

5. 数据类型

数据类型相当于一个容器，容器的大小决定了所装东西的多少。数据的数据类型决定了数据的存储方式和使用方式。Access 2016 的数据类型有 12 种，分别为：短文本（默认）、长文本、数字（字节、整型、长整型、单精度型、双精度型、同步复制 ID、小数）、日期 / 时间、货币、自动编号、是 / 否、OLE 对象、超链接、附件、计算、查阅向导。

三、实训内容

（1）创建数据库。

（2）创建数据表，包括数据表的结构和记录的编辑。

（3）创建和修改窗体。

（4）创建和修改查询。

（5）创建和修改报表。

四、实训要求

（1）使用 Access 2016 创建"学生课程数据库"。

（2）创建数据表"学生表"，并录入五个学生的基本信息。

（3）创建数据表"课程表"，并录入五门课程的基本信息。

（4）创建数据表"成绩表"。

（5）使用"窗体向导"创建学生选课成绩录入窗体，实现学生选课成绩的录入。

（6）使用"窗体设计器"创建学生基本信息录入窗体。

（7）使用"空白窗体"创建课程基本信息录入窗体。

（8）使用"查询向导"创建学生成绩表的查询。

（9）使用"查询向导"创建学生总成绩和平均成绩的查询。

（10）使用"查询向导"创建学生选修课程成绩的查询。

（11）使用"报表向导"创建学生选课的成绩报表。

五、实训步骤

（1）创建学生课程数据库。

启动 Access 2016，在图 8-1 所示的窗口中单击"空白桌面数据库"选项，在弹出的"空白桌面数据库"窗口中，输入需要创建的数据库名称，这里输入"学生课程"，其扩展名为 .accdb，再单击右侧文件夹按钮 🗀，修改数据库的存储路径，如图 8-2 所示，最后单击"创建"按钮，完成"学生课程"数据库的创建，如图 8-3 所示。

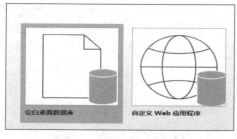

图 8-1　新建空白桌面数据库

图 8-2　空白桌面数据库

（2）创建学生表。

完成数据库的创建工作后，系统自动创建了一个名为"表 1"的数据表，如果 8-3 所示。

图 8-3 "学生课程"数据库

① 单击"表 1"中的 *单击以添加* · 下拉按钮，在下拉列表中选择"短文本"数据类型，在"表 1"中添加一个字段名称为"字段 1"的字段，如图 8-4 所示。

② 将"字段 1"名称改为"学号"，按【Enter】键确认，如图 8-5 所示。

③ 单击"学号"字段，在"字段"选项卡"属性"功能区组中，将"字段大小"设为 11。

图 8-4 创建"字段 1"

图 8-5 修改字段名称

重复步骤①～③，在"表 1"中创建表 8-2 中所示的学生表结构的其他字段。

表 8-2 "学生表"结构

字 段 名 称	数 据 类 型	字 段 大 小	格 式	备 注
学号	短文本	11		主键
姓名	短文本	10		
性别	短文本	2		
出生日期	日期和时间		短日期	
专业	短文本	20		
班级	短文本	6		

④ 单击标题栏中的"保存"按钮 ，在打开的"另存为"对话框中输入"学生表"，单击"确定"按钮，如图 8-6 所示。

⑤ 在状态栏右下角 数字 中选择第三个按钮——设计视图，"学生表"以设计视图的方式呈现出来，如图 8-7 所示。

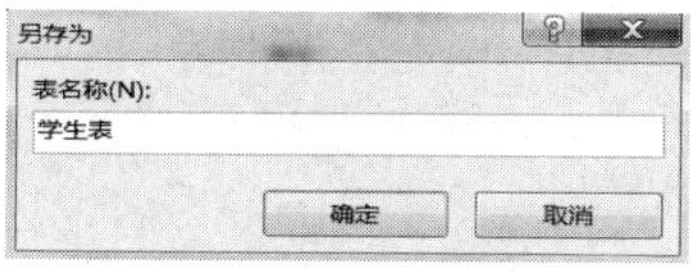

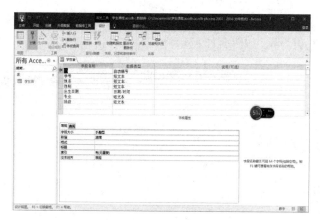

图 8-6　保存学生表　　　　　　　图 8-7　设计视图下的"学生表"结构

⑥ 选择 ID 字段，在"设计"选项卡"工具"功能区组中单击"删除行"按钮，将 ID 字段删除。再选择"学号"字段，在"设计"选项卡"工具"功能区组中单击"主键"按钮，将"学号"字段设置为"学生表"的主键。单击"保存"按钮，完成对"学生表"表结构的修改，如图 8-8 所示。

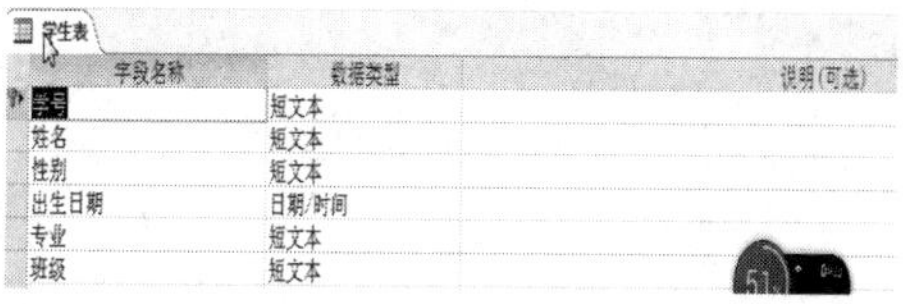

图 8-8　设置主键之后的"学生表"结构

⑦ 在状态栏右下角  中选择第二个按钮——数据表视图，输入自己所在班级的五位同学的基本信息。"出生日期"字段的值可通过输入框右侧的日期选择控件输入，也可直接输入日期型数据，如"2003/02/02"。

重复步骤⑦，为"学生表"增加多条记录。

⑧ 记录的修改：单击需要修改的记录，呈现编辑状态即可修改。

⑨ 记录的删除：在需要删除记录左侧选择单元格右击，在弹出的快捷菜单中选择"删除记录"命令，或在"记录"的功能区组中单击"删除"命令，在打开的对话框中单击"是"按钮，即可删除当前记录，如图 8-9 所示。

图 8-9　删除"学生表"记录

（3）创建课程表。

① 在"创建"选项卡"表格"功能区组中单击"表设计"按钮，打开图 8-10 所示的界面。

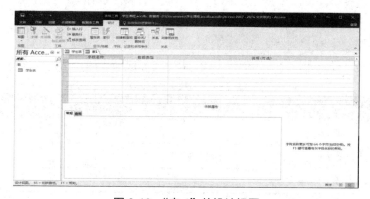

图 8-10　"表 1"的设计视图

②在字段名称中输入"课程号",数据类型设为"短文本",在字段属性的"常规"项中,将字段大小设为8,如图8-11所示。

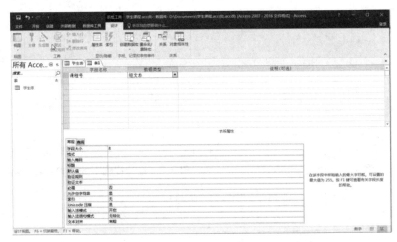

图 8-11　在表 1 的"设计视图"添加字段

参照表 8-3 所示的课程表结构的字段要求,重复步骤②,为数据表添加多个字段。

表 8-3　"课程表"结构

字段名称	数据类型	字段大小	备注
课程号	短文本	8	主键
课程名称	短文本	30	
学时	数字（整型）		
学分	数字（单精度型）		
课程性质	短文本	10	
开课学期	数字（整型）		

③选择"课程号"所在行,右击,从弹出的快捷菜单中选择"主键"命令,即可将"课程号"设为"表 1"的主键。

④单击"保存"按钮,在打开的"另存为"对话框中,将表保存为"课程表"。

⑤参照给"学生表"添加记录的方法,为"课程表"录入多条记录。

（4）创建成绩表。

①参照"学生表"或"课程表"的创建步骤,按表 8-4 成绩表的表结构,创建"成绩表"。

表 8-4　"成绩表"表结构

字段名称	数据类型	字段大小	备注
学号	短文本	11	学号和课程号的组合为主键
课程号	短文本	8	
成绩	数字（单精度型）		

② 选定"学号"所在行，按住【Shift】键，再选定"课程号"所在行，右击，从弹出的快捷菜单中选择"主键"命令，松开【Shift】键，即可将"学号"和"课程号"的组合设为成绩的主键，如图 8-12 所示。

③ "成绩表"中有两个外码，分别为学号、课程号，学号的取值只能与"学生表"中学号的值相等，课程号的取值只能与"课程表"中课程号的值相等。

（5）通过"窗体向导"创建成绩录入窗体。

① 在"创建"选项卡"窗体"功能组中，单击"窗体向导"按钮，在打开的"窗体向导"对话框中，"表/查询"选择"成绩表"，将左侧"可用字段"列表中的学号、课程号、成绩添加到右侧"选定字段"列表中，如图 8-13 所示，单击"下一步"按钮。

图 8-12　"成绩表"主键的设置

图 8-13　"窗体向导"步骤 1

② 选择"纵栏表"，单击"下一步"按钮，如图 8-14 所示，单击"下一步"按钮。

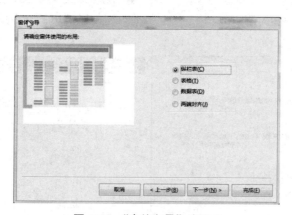

图 8-14　"窗体向导"步骤 2

③ 将窗体标题修改为"成绩表记录录入"，选中"修改窗体设计"单选按钮，如图 8-15 所示，单击"完成"按钮。

④ 通过"窗体向导"创建的窗体如图 8-16 所示。适当调整窗体中标题字体的大小及标签，文本框的大小及位置等。

⑤ 在"设计"选项卡"控件"功能区组中选择"命令按钮" ▭ 控件，在"成绩表记录录入"窗体的空白位置，按住鼠标左键拖出一个矩形框，松开鼠标左键，打开"命令按钮向导"对话框，按照图 8-17~

图 8-19 步骤进行操作，即可创建图 8-20 所示的按钮。

图 8-15 "窗体向导"步骤 3

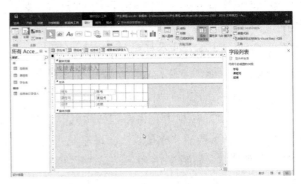

图 8-16 通过"窗体向导"创建的窗体

图 8-17 "命令按钮向导"步骤 1

图 8-18 "命令按钮向导"步骤 2

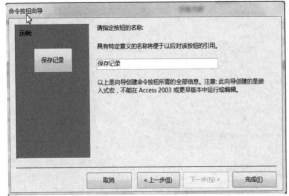

图 8-19 "命令按钮向导"步骤 3

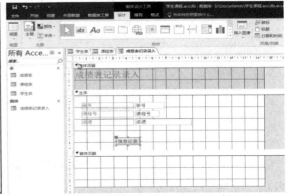

图 8-20 创建完成的"命令按钮"

⑥ 在状态栏的右下角 选择第 1 种视图类型——窗体视图，即可打开图 8-21 所示的成绩表记录录入窗体，输入相应的学号、课程号、成绩，单击"保存记录"按钮，可将当前窗口中输入的成绩信息保存到"成绩表"中。双击打开"成绩表"，即可显示图 8-22 所示的结果。若"成绩表"中的数据未更新，请单击"刷新"按钮。

图 8-21　成绩表记录录入窗体

图 8-22　成绩表记录录入结果

⑦ 当前窗口录入的记录还可通过窗口下方的"记录"条来保存，单击 记录：▶ 第1项(共1项) ▶ ▶ ▶最后一项 ▶* "新（空白）记录"按钮，即可保存当前录入的记录。

⑧ 返回成绩表记录录入窗体，继续录入其他成绩记录。

（6）使用"窗体设计器"创建学生信息录入窗体。

① 打开"学生表"。

② 在 "创建"选项卡"窗体"功能区组中单击"窗体"按钮，即可以"学生表"为记录源自动创建窗体，如图 8-23 所示。

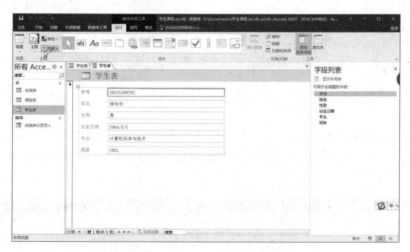

图 8-23　以"学生表"为数据源创建的窗体

③双击标题"学生表"，在编辑框中将其修改为"学生表记录录入窗体"。

④在"设计"选项卡下，单击"工具"功能区组中的"属性表"，如图 8-24 所示，适当调整窗体中标签及文本框控件的大小和位置。

⑤单击标题栏中的"保存"按钮，在打开的"另存为"对话框中输入"学生表记录录入窗体"，单击"确定"按钮。

⑥ 在状态栏的右下角 中选择第 1 种视图类型——窗体视图，通过窗体下面的

记录: |◄ ◀ 第1项(共1项) ▶ ▶| ▶* 进行学生表记录的浏览、编辑、添加等操作。

（7）使用"空白窗体"创建课程表记录录入窗体。

① 单击"创建"选项卡下"窗体"功能区组中的"空白窗体"按钮，即可新建一个空白窗体。

② 在"设计"选项卡下，单击"工具"功能区组中的"属性表"按钮，在打开的"属性表"列表框中，单击"数据"选项卡，将"记录源"设置为"课程表"如图 8-25 所示。

图 8-24　标签"学号"的属性表设置　　　　图 8-25　设置记录源

③ 在"设计"选项卡下，单击"工具"功能区组中的"添加现有字段"按钮，打开图 8-26 所示的界面。

④ 按住【Ctrl】键将右侧"字段列表"中全部字段选中，并拖动到"窗体 1"中，调整控件的大小及位置到合适的状态。显示方式有两种：以堆积方式显示和以表格布局方式显示，这里选择"以堆积方式显示"，如图 8-27 所示。

图 8-26　添加现有字段界面　　　　图 8-27　堆叠方式显示效果

⑤ 单击标题栏中的"保存"按钮，在打开的"另存为"对话框中，将窗体名称修改为"课程表记

录录入窗体", 单击"确定"按钮。

⑥ 在状态栏的右下角 中选择第 1 种视图类型——窗体视图, 通过窗体下面的 进行学生表记录的浏览、编辑、添加等操作, 如图 8-28 所示。

数据库中的查询分为两种: 单表查询和多表查询。单表查询指的是仅涉及一个数据表查询, 相对比较简单、容易; 多表查询是指同时涉及两个及以上数据表的查询, 是数据库中应用最多、最主要的查询, 包括等值连接查询、非等值连接查询、自然连接查询、自身连接查询、外连接查询和复合条件连接查询。

（8）使用"查询向导"创建基于成绩表的简单查询。

① 启动 Access 2016, 打开"学生课程"数据库。

② 单击"创建"选项卡下的"查询"功能区组中"查询向导"按钮, 打开"新建查询"对话框, 如图 8-29 所示。

图 8-28　通过窗体完成"课程表"记录的编辑

图 8-29　"新建查询"对话框

③在打开的"新建查询"对话框中, 选择"简单查询向导"选项, 单击"确定"按钮, 打开"简单查询向导"对话框, 如图 8-30 所示。在"表 / 查询"下拉列表中选择"成绩表"作为数据源, 将左侧"可用字段"列表中的全部字段都添加到右侧"选定字段"列表中, 单击"下一步"按钮。

④ 确定查询的方式, 这里选择默认设置"明细（显示每个记录的每个字段）"单选按钮, 如图 8-31 所示, 单击"下一步"按钮。

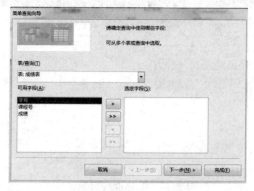

图 8-30　"新建查询向导"步骤 1

图 8-31　"新建查询向导"步骤 2

⑤ 修改查询标题为"成绩表查询"，选中"打开查询查看信息"单选按钮，单击"完成"按钮，查询结果如图 8-32 所示。

图 8-32　查询结果

（9）使用"查询向导"创建基于成绩表的查询，要求汇总每个学生的总成绩和平均成绩。

①～②与实训内容（8）的步骤相同。

③ 在打开的"新建查询"对话框中，选择"简单查询向导"选项，单击"确定"按钮，打开"简单查询向导"对话框，如图 8-30 所示。在"表/查询"下拉列表中选择"成绩表"作为数据源，将左侧"可用字段"列表中的"学号"和"成绩"两个字段，添加到右侧"选定字段"列表中，单击"下一步"按钮。

④ 选择"汇总"单选按钮，然后单击"汇总选项"按钮，打开"汇总选项"对话框，如图 8-33 所示。选择需要计算的汇总值，这里选中"成绩"字段的"汇总"和"平均"复选框，单击"确定"按钮。

⑤ 返回"简单查询向导"对话框，单击"下一步"按钮，指定查询标题，再单击"完成"按钮，显示查询结果，如图 8-34 所示。

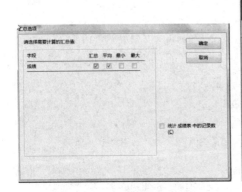

图 8-33　"汇总选项"窗口

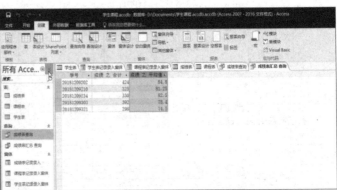

图 8-34　汇总查询结果

（10）利用"查询向导"创建基于学生表、课程表、成绩表的多表查询，查询结果包括学生的学号、姓名、课程号、课程名称和成绩。

① 启动 Access 2016，打开"学生课程"数据库。

② 单击"数据库工具"选项卡下的"关系"功能区组中的"关系"按钮，在打开的"显示表"对话框中选择学生表、课程表、成绩表，如图 8-35 所示，单击"添加"按钮后关闭当前对话框，出现图 8-36 所示的界面。

图 8-35　向"关系"添加数据表

图 8-36　添加数据表之后的"关系"

③ 将"关系"窗口中"学生表"的"学号"字段拖动到"成绩表"的"学号"字段上面，松开鼠标后弹出图 8-37 所示的"编辑关系"对话框，单击"创建"按钮，即可创建"学生表"与"成绩表"之间的"一对多"的关联关系。

④ 使用相同的方法创建"课程表"与"成绩表"之间的"一对多"的关联关系。三个表之间创建完成的关联关系如图 8-38 所示。

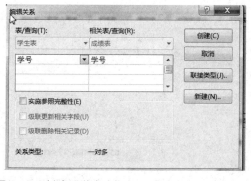

图 8-37　创建"学生表"与"成绩表"之间的关系

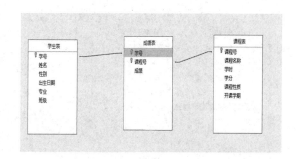

图 8-38　三个数据表之间关系示意图

⑤ 在"创建"选项卡的"查询"功能区组中单击"查询向导"按钮，在打开的"新建查询"对话框中选择"简单查询向导"，单击"确定"按钮。

⑥在"简单查询向导"对话框中依次将"学生表"中的"学号""姓名"字段，"课程表"中的"课程号""课程名称"字段，"成绩表"中的"成绩"字段添加到"选定字段"中，如图 8-39 所示，单击"下一步"按钮。

⑦选中"明细（显示每个记录的每个字段）"单选按钮，单击"下一步"按钮。

⑧将标题修改为"学生综合成绩查询"，选中"打开查询查看信息"单选按钮，单击"完成"按钮。查询结果如图 8-40 所示。

图 8-39　完成添加字段

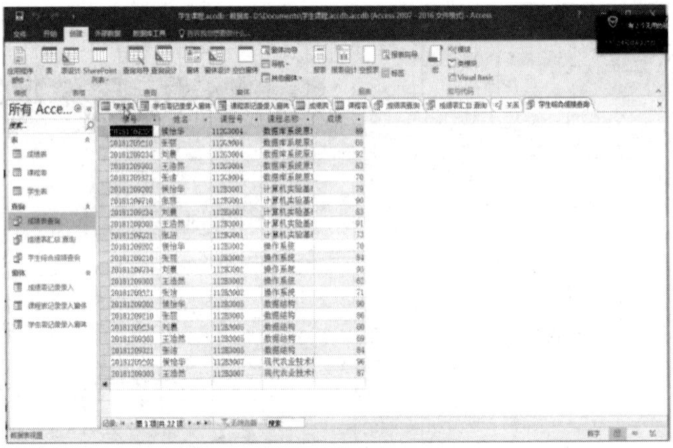

图 8-40　学生综合成绩查询结果

（11）创建报表。

①启动 Access 2016，打开"学生课程"数据库。

②在"创建"选项卡下的"报表"功能区组中，单击"报表向导"按钮，打开"报表向导"对话框，如图 8-41 所示。

③向导第 1 步是确定报表的数据来源以及选定字段，在"表 / 查询"下拉列表中选择"学生成绩综合查询"，然后将左侧"可用字段"中的全部字段都添加到右侧"选定字段"中，如图 8-42 所示。

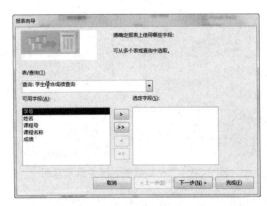

图 8-41　新建报表向导步骤 1

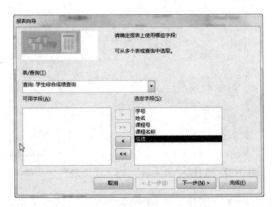

图 8-42　新建报表向导步骤 2

④ 单击"下一步"按钮，确定查看数据的方式，这里选择"通过成绩表"查看，如图 8-43 所示。

⑤ 单击"下一步"按钮，确定分组级别，这里选择按"课程号"进行分组，如图 8-44 所示。

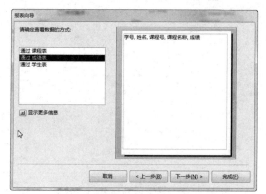
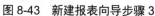

图 8-43　新建报表向导步骤 3

图 8-44　新建报表向导步骤 4

⑥ 单击"下一步"按钮，设置记录的排列次序，这里选择按"学号"排序，如图 8-45 所示。

⑦ 单击"下一步"按钮，设置报表的布局方式，包括两个方面："布局"和"方向"，这里选中"递阶"布局方式和"纵向"单选按钮，同时默认选中的下面的复选框，如图 8-46 所示，这样系统会自动调整字段宽度，将所有字段显示在一页中。

图 8-45　新建报表向导步骤 5

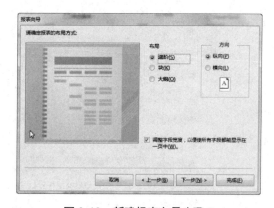

图 8-46　新建报表向导步骤 6

⑧ 单击"下一步"按钮，修改报表标题为"学生成绩报表"，选中"预览报表"单选按钮，如图 8-47 所示。

⑨ 单击"完成"按钮，完成学生成绩报表的创建，并打开报表的"打印预览"视图，效果如图 8-48 所示。

图 8-48 中显示了全部的课程的成绩信息，若仅需打印 112G3004 课程的学生成绩，首先将报表从"打印预览"视图切换到"报表视图"，这步操作可通过状态栏右下角的 ▢ ▢ ▤ ▥ 完成。然后在"开始"菜单选项卡的"排序和筛选"功能区组中单击"高级"按钮，在下拉列表中选择"高级筛选 /排序"命令，在打开的筛选窗口中，将字段设为"课程号"，条件设为 112G3004，再单击"高级"按钮，在下拉列表中选择"应用筛选 / 排序"命令，即可生成图 8-49 所示的仅有 112G3004 课程的学生成绩报表。

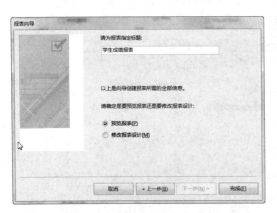

图 8-47　新建报表向导步骤 6

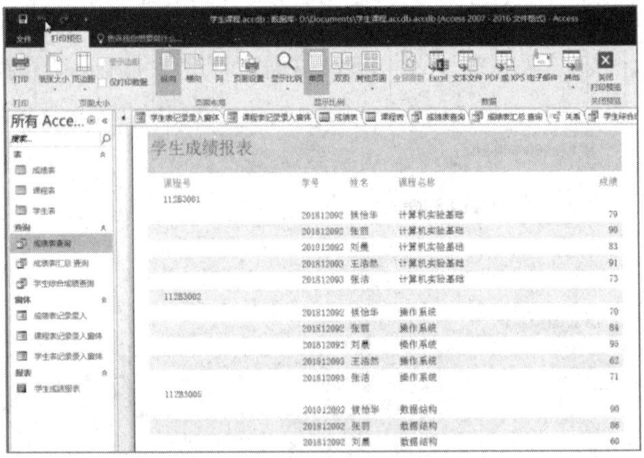

图 8-48　学生成绩报表预览效果

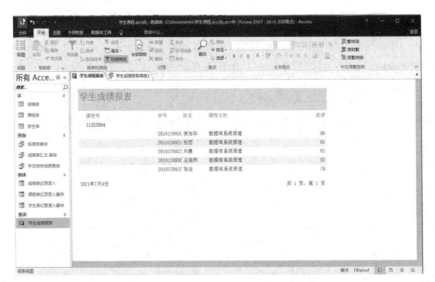

图 8-49　应用筛选 / 排序生成的报表

六、实训延伸

1. 数据库中的有关概念和术语

（1）数据（Data）：描述事物的符号记录。数据与其语义不可分割，是一个整体。信息是被加工处理过的数据，或者说数据是信息的载体。

（2）数据库（DataBase，DB）：指长期存储在计算机内的、有组织的、可共享的、统一管理的相关数据集合，具有较小的冗余度和较高的数据独立性和易扩展性等特点。

（3）数据库管理系统（DataBase Management System，DBMS）：是位于用户和操作系统之间的一层数据管理软件，属于软件分类中的系统软件，主要任务是对数据库的建立、运行、维护进行统一的管理和控制。用户不能直接接触数据库，只能通过 DBMS 来操作数据库。

（4）数据库系统（DataBase System，DBS）：简单地说，指引入数据库之后的计算机系统，具体地讲，是指由数据库、数据库管理系统（及其应用开发工具）、应用程序和数据库管理员（DataBase Administrator，DBA）组成的存储、管理、处理和维护数据的系统。

数据库、数据库管理系统、数据库系统三者之间的关系可简单地表示为：DBS=DB+DBMS。

（5）数据模型（Data Model）：指对现实世界数据特征的抽象，用于对数据进行描述、组织和操作。可分为概念模型、逻辑模型和物理模型。由数据结构、数据操作、数据完整性约束条件三个组成要素构成。常见的逻辑数据模型有层次模型、网状模型、关系模型。

（6）概念模型（Conception Model）：用于信息世界的建模，是对现实世界中客观事物及其联系的抽象，是现实世界到信息世界的第一层抽象，是数据库设计人员进行数据库概念设计的有力工具，是数据库设计人员与用户交流的语言。概念模型的表示方法很多，其中最著名的是由 P.P.S.chen 提出的 E-R（Entity-Relations）方法。用实体、属性、联系类型（一对一、一对多、多对多）来表示现实世界中事物及其之间的联系。

（7）关系模型（Relational Model）：是一种最主要的模型，用二维表格来表示概念模型中实体及实体之间联系的数据模型。采用关系模型组织数据的数据库称为关系数据库。目前主流的关系数据库有 Oracle、DB2、SQL Server、My SQL、Access 等。

（8）结构化查询语言（Structured Query Language，SQL）：是关系数据库的标准语言，也是一个通用的、功能极强的关系数据库语言，功能不仅包括查询，还可以实现对数据库、数据表、视图、索引等数据对象的创建、修改与删除及数据库安全性与完整性的控制与定义等功能，集数据定义、数据操作、数据控制于一体。有两种使用方式：交互式和嵌入式。

（9）范式（Normal Form，NF）：关系数据库中的关系（数据表）要满足一定的要求，满足不同程度要求的称为不同级别的范式。关系最低级别要求是满足第一范式（1NF），即数据表中的每一个数据具有不可再分的特征，是原子单位，或者说不允许表中有表。范式级别有 1NF、2NF、3NF、BCNF、4NF、5NF。低级别的范式可以通过模式分解的办法转换为高级别的范式，这个过程中主要消除关系模式中一些不合适的数据依赖，以达到降低数据冗余和异常问题的目的。

（10）数据库设计（DataBase Design）：指对于一个给定的应用系统，构造（或设计）优化的数据库逻辑模式和物理结构，并据此建立数据库及其应用系统，使之能够有效地存储和管理数据，满足各种用户的应用需求，包括信息管理要求和数据操作要求。数据库设计步骤一般分为六个阶段，分别为需求分析、概念结构设计、逻辑结构设计、物理结构设计、数据库实施、数据库运行和维护。

2. 关系模型中的术语

关系数据库是当前应用最广泛的数据库之一，关系模型中常用术语如表 8-5 所示。

表 8-5 关系模型中常用术语

术语名称	含 义
关系	一张二维表，由行和列组成
关系模式	对关系的描述，可表示为：关系名（属性 1，属性 2，…，属性 n）
元组（记录）	指二维表中的一行，是构成关系的一个个实体。元组的集合构成关系

续表

术语名称	含 义
属性（字段）	指二维表中的一列，属性名在第一行列出，列值就是属性值
域	属性的取值范围，Access 中用数据类型表示
分量	元组中的一个属性值
候选码（候选关键字）	由关系中的一个或多个属性构成，可以唯一标识一个元组，一个关系可以有多个候选码
主码（主关键字）	从候选码中指定一个，作为关系的主码。一个关系只能有一个主码
主属性	包含在候选码中的属性，称为主属性
非主属性	没有包含在候选码中的属性，称为非主属性

【习题】

一、选择题

1. 在 Access 2016 数据库中，一个关系就是一个（　　　）。

    A. 二维表　　　　B. 记录　　　　　　C. 字段　　　　　　　　D. 数据库

2. 下列关于二维表的说法错误的是（　　　）。

    A. 二维表中的列称为属性　　　　　　B. 属性值的取值范围称为域

    C. 二维表中的行称为元组　　　　　　D. 属性的集合称为关系

3. Access 2016 中数据表和数据库的关系是（　　　）。

    A. 一个数据表可以包含多个数据库　　B. 一个数据库只能包含一个数据表

    C. 一个数据库可以包含多个数据表　　D. 一个数据表只能包含一个数据库

4. 数据库（DB）、数据库系统（DBS）、数据库管理系统（DBMS）之间的关系是（　　　）。

    A. DB 包括 DBS 和 DBMS　　　　　　B. DBMS 包括 DB 和 DBS

    C. DBS 包括 DB 和 DBMS　　　　　　D. 以上三个都不对

5. 常用的逻辑数据模型有三种，它们是（　　　）。

    A. 层次、关系、语义　　　　　　　　B. 环状、层次和星状

    C. 字段名、字段类型和记录　　　　　D. 层次、关系和网状

6. 在 Access 2016 数据库中，数据表就是（　　　）。

    A. 数据库　　　　B. 记录　　　　　　C. 字段　　　　　　　　D. 关系

7. 在 Access 2016 数据库的六大对象中，用于和用户进行交互的数据库对象是（　　　）。

    A. 数据表　　　　B. 查询　　　　　　C. 窗体　　　　　　　　D. 报表

8. Access 2016 数据库中，提供的数据类型不包括（　　　）。

    A. 短文本　　　　B. 备注　　　　　　C. 数字　　　　　　　　D. 日期 / 时间

9. 不属于 Access 2016 数据库对象的是（　　　）。

    A. 数据表　　　　B. 向导　　　　　　C. 窗体　　　　　　　　D. 查询

10. 利用 Access 2016 创建的数据库文件，其扩展名为（　　　）。

    A. .dbf　　　　　B. .mdb　　　　　　C. .adp　　　　　　　　D. .accdb

实训八习题
参考答案

11. 在 Access 2016 数据库中，（　　　）是实际存放数据的地方。

　　A. 数据表　　　　　B. 报表　　　　　　C. 窗体　　　　　　　　D. 查询

12. 在 Access 2016 数据库中，关于主键，下列说法错误的是（　　　）。

　　A. Access 2016 并不要求在每一个数据表中都必须包含一个主键

　　B. 在一个数据表中只能指定一个字段为主键

　　C. 在输入数据或对数据进行修改时，不能向主键的字段输入相同的值

　　D. 利用主键可以区分开每一条记录

13. 在数据表视图中，不能进行的操作是（　　　）。

　　A. 删除一条记录　　B. 修改字段的类型　　C. 删除一个字段　　D. 修改字段的名称

14. 下列关于关系数据库中数据表的描述，正确的是（　　　）。

　　A. 数据表相互之间存在联系，但用独立的文件名保存

　　B. 数据表相互之间存在联系，使用表名表示相互间的联系

　　C. 数据表相互之间不存在联系，完全独立

　　D. 数据表既相对独立，又相互联系

15. Access 2016 数据库中，设置为主键的字段（　　　）。

　　A. 不能设置索引　　　　　　　　　　B. 可设置为"有（重复）"索引

　　C. 系统自动设置索引　　　　　　　　D. 可设置为"无"索引

16. 下面关于查询的叙述中，正确的是（　　　）。

　　A. 查询的结果可以作为其他数据库对象的数据来源

　　B. 查询的结果集也是基本表

　　C. 同一个查询的查询结果是固定不变的

　　D. 不能再对得到的查询结果信息进行排序或筛选

17. Access 2016 数据库中的查询向导不能创建（　　　）。

　　A. 简单查询向导　　B. 交叉表查询　　　C. 查找重复项查询　　D. 参数查询

18. 关系数据库的标准语言是（　　　）。

　　A. 关系代数　　　　B. 关系演算　　　　C. SQL　　　　　　　　D. Oracle

19. 创建 Access 2016 的查询可以（　　　）方法。

　　A. 利用查询向导　　B. 使用设计视图　　C. 使用 SQL 查询　　　D. 以上三种方法

20. （　　　）不可以作为 Access 2016 数据表的主键。

　　A. 自动编号　　　　B. 单字段　　　　　C. 多字段　　　　　　　D. OLE 对象

21. Access 2016 查询的数据源可以来自（　　　）。

　　A. 数据表　　　　　B. 查询　　　　　　C. 数据表和查询　　　　D. 报表

22. 一个关系数据模型具有的特性，描述正确的是（　　　）。

　　A. 一个二维表中同一字段的数据类型可以有十种

　　B. 一个二维表的行称为字段，表示了事物的各种属性

　　C. 一个二维表的列称为记录，整体地表示了一个事物的各个属性或各事物之间的联系

　　D. 一个二维表的行列顺序可以任意调换

23. Access 2016 数据库的核心对象是（　　　）。

　　A. 数据表　　　　　　B. 查询　　　　　　　C. 窗体　　　　　　D. SQL

24. 存储在计算机外部存储介质上结构化的数据集合，其英文名称是（　　　）。

　　A. Data Dictionary（DB）

　　B. DataBase System（DBS）

　　C. DataBase（DB）

　　D. DataBase Management System（DBMS）

25. 数据库管理系统（DBMS）是（　　　）。

　　A. 一个完整的数据库应用系统　　　　　　B. 一组硬件

　　C. 一组系统软件　　　　　　　　　　　　D. 既有硬件，又有软件

26. 数据库中数据表的外码是（　　　）。

　　A. 另一个数据表的主键　　　　　　　　　B. 是本数据表的主键

　　C. 与本数据表没关系的　　　　　　　　　D. 以上都不对

27. 关于 Access 2016 的描述，正确的是（　　　）。

　　A. Access 是一个运行于操作系统平台上的关系型数据库管理系统

　　B. Access 是一个文档和数据处理应用软件

　　C. Access 是 Word 和 Excel 的数据存储平台

　　D. Access 是网络型数据库

28. 打开 Access 2016 数据库时，应打开扩展名为（　　　）的文件。

　　A. .mda　　　　　　　B. .accdb　　　　　　C. .mde　　　　　　D. .dbf

29. 下列不是窗体的组成部分的是（　　　）。

　　A. 窗体页眉　　　　　B. 窗体页脚　　　　　C. 主体　　　　　　D. 窗体设计器

30. 下列不属于报表视图类型的是（　　　）。

　　A. 设计视图　　　　　B. 打印预览　　　　　C. 数据表视图　　　D. 布局视图

31. 无论是自动创建窗体还是报表，都必须选定要创建该窗体或报表基于的（　　　）。

　　A. 数据来源　　　　　B. 查询　　　　　　　C. 数据表　　　　　D. 记录

32. 在关系数据库中，二维表中的一行被称为（　　　）。

　　A. 字段　　　　　　　B. 数据　　　　　　　C. 记录　　　　　　D. 数据视图

33. 数据表的组成内容包括（　　　）。

　　A. 查询和字段　　　　B. 字段和记录　　　　C. 记录和窗体　　　D. 报表和字段

34. 数据类型是（　　　）。

　　A. 字段的另一种说法

　　B. 决定字段能包含哪类数据的设置

　　C. 一类数据库应用程序

　　D. 一类用来描述 Access 数据表向导允许从中选择的字段名称

35. 能实现从一个数据表或多个数据表中选择一部分数据的是（　　　）。

　　A. 数据表　　　　　　B. 查询　　　　　　　C. 窗体　　　　　　D. 报表

36. 用户和数据库交互的界面是（   ）。

    A. 数据表　　　　　B. 查询　　　　　C. 窗体　　　　　D. 报表

37. （   ）是 Access 2016 中以一定输出格式表现数据的一种对象。

    A. 数据表　　　　　B. 查询　　　　　C. 窗体　　　　　D. 报表

38. Access 2016 是（   ）数据库管理系统。

    A. 层次型　　　　　B. 网状型　　　　　C. 关系型　　　　　D. 树状型

39. 唯一确定一条记录的某个属性组是（   ）。

    A. 主键　　　　　B. 关系模式　　　　　C. 记录　　　　　D. 字段

40. （   ）是对关系的描述。

    A. 二维表　　　　　B. 关系模式　　　　　C. 记录　　　　　D. 字段

二、操作题

按教程示例，按表 8-6～表 8-10 的数据表结构创建一个读者借阅图书管理数据库，在"数据表视图"下完成读者类别表、图书类别表中的数据的输入，设计相关"窗体"完成图书信息、读者信息、读者借阅图书信息等数据的录入、修改、删除操作，并创建"查询"实现读者图书的借阅情况，设计"报表"统计读者借阅图书情况等功能。

表 8-6　读者信息表结构

字段名称	数据类型	字段大小	说　明
读者编号	短文本	10	主键
读者姓名	短文本	20	
性别	短文本	2	
联系电话	短文本	11	
读者类别号	短文本	5	外键
办证日期	日期/时间	短日期	

表 8-7　读者类别表结构

字段名称	数据类型	字段大小	说　明
读者类别号	短文本	5	主键
类别名称	短文本	20	
借书最大量	数字	整型	
借书期限	数字	整型	

表 8-8　图书信息表结构

字段名称	数据类型	字段大小	说　明
图书编号	短文本	10	主键
图书名称	短文本	50	
ISBN	短文本	17	
出版社名称	短文本	20	

续表

字 段 名 称	数 据 类 型	字 段 大 小	说　　明
第一作者	短文本	20	
出版日期	日期／时间	短日期	
单价	货币		
图书类别编号	短文本	5	外键

表 8-9　图书类别表结构

字 段 名 称	数 据 类 型	字 段 大 小	说　　明
图书类别编号	短文本	5	主键
图书类别名称	短文本	20	

表 8-10　读者借阅图书信息表结构

字 段 名 称	数 据 类 型	字 段 大 小	说　　明
借阅记录编号	自动编号	长整型	主键
读者编号	短文本	10	外键
图书编号	短文本	10	外键
借出日期	日期／时间	短日期	
应还日期	日期／时间	短日期	
是否续借	是／否		
是否归还	是／否		
归还日期	日期／时间	短日期	

操作过程如下：

（1）启动 Access 2016 应用程序，新建"一个空白桌面数据库"，将其命名为"读者借阅图书"。

（2）单击"创建"菜单下的"表格"功能组中的"表设计"按钮，依次按表 8-6 ～表 8-10 中的要求分别创建"读者类别表""读者信息表""图书类别表""图书信息表""图书借阅信息表"。

（3）单击"创建"菜单下的"窗体"功能组中的"窗体向导"按钮，分别创建"读者信息表记录录入""图书信息表记录录入""图书借阅信息表记录录入"三个窗体，完成"读者信息表""图书信息表""图书借阅信息表"三个数据表记录的输入。"读者类别表"和"图书类别表"两个数据表记录的输入在"数据表视图"下完成。

（4）单击"数据库工具"菜单下的"关系"功能组中的"关系"按钮，将上述的五个数据表全部添加到"关系"对话框中，通过主键拖动到外键上的方法创建这五个数据表之间的关系。

（5）单击"创建"菜单下的"查询"功能组中的"查询向导"按钮，创建"读者借阅图书"查询对象。

（6）单击"创建"菜单下的"报表"功能组中的"报表向导"按钮，创建"读者借阅图书"报表对象。

（7）至此，"读者借阅图书"数据库创建完毕，其中包括五个数据表对象、三个窗体对象、一个查询对象、一个报表对象。

数据库查询示例如图 8-50 所示。

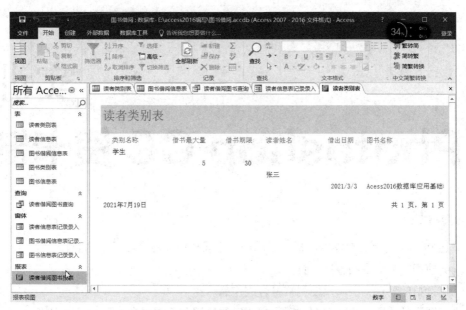

图 8-50　数据库查询示例

实训九
Photoshop CC 贺卡制作

一、实训目的

（1）掌握 Photoshop CC 界面的组成，菜单的基本操作以及各个面板的功能。

（2）学会使用工具箱中的各种工具。

（3）掌握素材的处理方法以及使用素材合成作品。

（4）学习图层的使用方法，掌握"图层样式"的使用和"图层模式"的混合方法。

（5）掌握 Photoshop CC 的横排文字工具的使用方法。

二、实训准备

1．Photoshop 简介

Adobe Photoshop，简称 PS，是由 Adobe Systems 开发和发行的图像处理软件。Photoshop 主要处理以像素所构成的数字图像，使用其众多的编修与绘图工具，可以有效地进行图片编辑工作。PS 应用非常广泛，在图像、图形、文字、视频、出版等各方面都有涉及。2003 年，Adobe Photoshop 8 被更名为 Adobe Photoshop CS。2013 年 7 月，Adobe 公司推出了新版本的 Photoshop CC，本实训采用 Adobe Photoshop CC 2019 版本。

Photoshop CC 工作界面主要有菜单栏、标题栏、文档窗口、工具箱、工具选项栏、选项卡、状态栏和面板等组件，如图 9-1 所示。

（1）菜单栏：菜单栏中包含可以执行的各种命令。单击菜单名称即可打开相应的菜单，Photoshop CC 2019 的菜单栏中包含 11 个菜单，分别为文件、编辑、图像、图层、文字、选择、3D、滤镜、视图、窗口和帮助。Photoshop 中通过菜单和快捷键两种方式执行所有命令。

（2）标题栏：显示了文档名称、文件格式、窗口缩放比例和颜色模式等信息。如果文档中包含多个图层，则标题栏中还会显示当前工作图层的名称。

（3）工具选项栏：用来设置工具的各种选项，它会随着所选工具的不同而改变选项内容。

（4）面板：可通过"窗口"菜单下"显示"命令来显示面板。一般常用的有图层面板、属性面板、字符、路径、通道等。

图 9-1　Photoshop CC 工作界面

（5）文档窗口：文档窗口是显示和编辑图像的区域，它是 Photoshop 的主要工作区，用于显示图像文件。

（6）状态栏：可以显示文档大小、文档尺寸、当前工具和窗口缩放比例等信息。

（7）选项卡：打开多个图像时：只在窗口中显示一个图像，其他的则最小化到选项卡中。单击选项卡中各个文件名便可显示相应的图像。

（8）工具箱：工具箱中的工具可用来选择、绘画、编辑以及查看图像。拖动工具箱的标题栏，可移动工具箱；单击可选中工具，移动光标到该工具上，工具栏选项会显示该工具的属性。部分工具的右下角有一个小三角形符号，这表示在工具位置上存在一个工具组，其中包括若干相关工具，如图9-2所示。

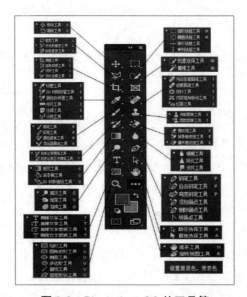

图 9-2　Photoshop CC 的工具箱

2．菜单基本操作

（1）新建文档。

启动 Adobe Photoshop CC 2019 后，选择"文件"菜单下的"新建"命令，或者按【Ctrl+N】组合键，打开图 9-3 所示的"新建文档"界面。

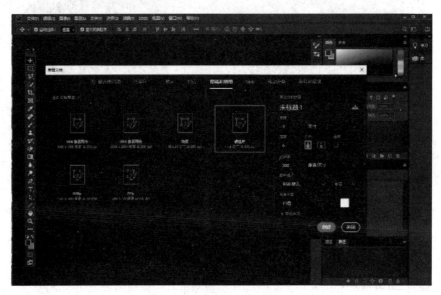

图 9-3 "新建文档"界面

在"新建文档"界面右边设置需要新建的文档的详细参数。在"未标题 -1"处可以更换需要的文件名称。在宽度、高度处可以设置需要的图片尺寸。在像素处分辨率可以更换图片尺寸的要求，如分辨率、厘米、毫米等。在颜色模式处可以更换图片需要的颜色模式，如 RGB 颜色、CMYK 颜色等。背景内容则是更换新建图层的底色、背景色或设置透明。当一切确认后，单击"创建"按钮，便可以创建出所需要的图层。

（2）打开图像文件。

选择"文件"菜单下的"打开"命令，或者按【Ctrl+O】组合键，弹出"打开"对话框，选择一个图像文件，再单击"打开"按钮，就可以打开文件了。

（3）存储图像文件。

存储文件的操作包括存储、存储为、存储为 Web 所用格式等命令，每个命令可以保存为不同的文件。

存储命令：选择"文件"菜单下的"存储"命令，或者按【Ctrl+S】键。如果当前文件从未保存过，将打开"另存为"对话框，可保存 Photoshop 的默认格式 PSD 格式，如图 9-4 所示。

存储为命令：选择"文件"菜单下的"存储为"命令，或者按【Shift+Ctrl+S】组合键，可以在保存类型中选择所需要的文件类型。

Photoshop 默认保存的有以下几种文件格式：

① PSD：Photoshop 默认保存的文件格式，可以保留所有图层、色版、通道、蒙版、路径、未栅格化文字以及图层样式等，但无法保存文件的操作历史记录，该格式是 Photoshop 的专用格式。

② PSB（Photoshop Big）：最高可保存长度和宽度不超过 300 000 像素的图像文件，此格式用于

文件大小超过 2 GB 的文件，但只能在新版 Photoshop 中打开，其他软件以及旧版 Photoshop 不支持。

③ RAW：具有 Alpha 通道的 RGB、CMYK 和灰度模式，以及没有 Alpha 通道的 Lab、多通道、索引和双色调模式。

图 9-4　"另存为"对话框

④ BMP：Windows 操作系统专有的图像格式，用于保存位图文件，最高可处理24位图像，支持位图、灰度、索引和 RGB 模式，但不支持 Alpha 通道。

⑤ GIF：因其采用 LZW 无损压缩方式并且支持透明背景和动画，被广泛运用于网络中。

⑥ EPS：用于 Postscript 打印机上输出图像的文件格式，大多数图像处理软件都支持该格式。EPS 格式能同时包含位图图像和矢量图形，并支持位图、灰度、索引、Lab、双色调、RGB 以及 CMYK。

⑦ PDF：支持索引、灰度、位图、RGB、CMYK 以及 Lab 模式，具有文档搜索和导航功能，同样支持位图和矢量。

⑧ PNG：作为 GIF 的替代品，可以无损压缩图像，最高支持 24 位图像并产生无锯齿状的透明度，但一些旧版浏览器不支持 PNG 格式。

⑨ TIFF：通用文件格式，绝大多数绘画软件、图像编辑软件以及排版软件都支持该格式，并且扫描仪也支持导出该格式的文件。

⑩ JPEG：和 JPG 一样，是一种采用有损压缩方式的文件格式，支持位图、索引、灰度和 RGB 模式，但不支持 Alpha 通道，JPEG 是目前最常用的一种图像格式。

（4）调整图像和画布大小。

选择"图像"菜单栏的"图像大小"或"画布大小"命令，或者按【Ctrl+Alt+I】或【Ctrl+Alt+C】组合键，可以打开"图像大小"和"画布大小"对话框，在相应的对话框中，可以分别对图像和画布大小进行调整。如图 9-5 所示。

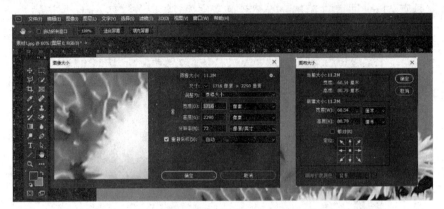

图 9-5　"图像大小"和"画布大小"对话框

（5）调整图像。

选择"编辑"菜单下的"变换"子菜单，在其中选择各种命令，可以对图像进行变形、旋转和翻转等操作，如图 9-6 所示。

① 缩放、旋转：用于缩放图像大小和旋转图像，相当于自由变换。

② 斜切：基于选定点的对称点位置不变的情况下对图形的变形。

③ 扭曲：可以对图像进行任何角度的变形。

④ 透视：可以对图像进行"梯形"或"顶端对齐三角形"的变化。

⑤ 变形：把图像边缘变为路径，对图像进行调整。矩形空白点为锚点；实心圆点为控制柄。

图 9-6　调整图像

3. 图层

图层是 Photoshop 应用的重点学习内容。Photoshop 可以将图像的每一个部分置于不同的图层中，由这些图层叠放在一起形成完整的图像效果，用户可以独立地对每个图层中的图像内容进行编辑修改和效果处理等操作，而对其他图层没有任何影响。图层与图层之间可以合成、组合和改变叠放次序。

（1）图层类型。

① 普通图层：最基本的图层类型，它就相当于一张透明纸。

② 背景图层：相当于绘图时最下层不透明的画纸，一幅图像只能有一个背景层。

③ 文本图层：使用文本工具在图像中创建文字后，自动创建文本图层。

④ 形状图层：使用形状工具绘制形状后，自动创建形状图层。

⑤ 填充图层：可在当前图像文件中新建指定颜色的图层，即可以在当前图层中填入一种颜色（纯色或渐变色）或图案，并结合图层蒙版的功能，从而产生一种遮盖特效。

⑥ 调整图层：可以调整单个图层图像的"亮度 / 对比度""色相 / 饱和度"等，用于控制图像色调和色彩的调整，而原图不受影响。

☕ **注意：**

形状图层不能直接执行色调和色彩调整以及滤镜等功能，必须先转换成普通图层之后才可使用。

（2）图层面板常用功能。

图层面板常用功能如图 9-7 所示。

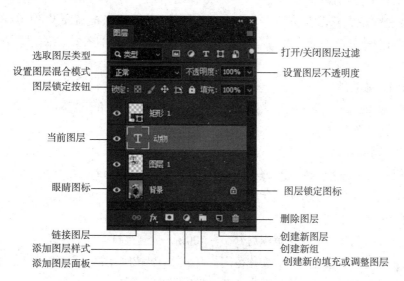

图 9-7　图层面板常用功能

（3）图层的基本操作。

① 创建新图层。

新建普通图层：选择"图层"菜单中"新建"子菜单下的"图层"命令，快捷键为【Ctrl+Shift+N】；或者使用图层面板中的"新建"按钮新建普通图层。

新建背景层：选择"图层"菜单中"新建"子菜单下的"背景图层"命令，可以创建一个有背景层属性的图层。

新建填充层：选择"图层"菜单中的"新建填充层"命令。

新建调整层：选择"图层"菜单中的"新建调整层"命令。

② 复制图层。选中图层，右击并选择"复制"命令；快捷键为【Ctrl+J】；将图层拖放到图层面板下方创建新图层的图标上。

③ 调整图层顺序。上移一层，快捷键为【Ctrl+]】；下移一层，快捷键为【Ctrl+[】；置于顶层，快捷键为【Ctrl+Shift+]】；置于底层，快捷键为【Ctrl+Shift+[】。

④ 合并可见图层。选择"图层"菜单中"合并可见图层"命令，快捷键为【Ctrl+Shift+E】。

⑤ 将背景图层变为普通图层。在背景层双击可以变为普通层。

⑥ 拷贝图层。选择"编辑"菜单中"拷贝"命令；快捷键为【Ctrl+C】；用于复制当前图层。

⑦ 设置图层混合模式。在图层面板中，可以通过设置图层混合模式，选择两个图层的叠加效果。Photoshop CC 2019 中提供了 27 种混合模式。其中，正常模式为 Photoshop 默认模式，表示新绘制的颜

色会覆盖原有的底色，当色彩是半透明时才会透出底部的颜色。此外，还有溶解、背后、清除、变暗、正片叠底、颜色加深、线性加深、深色、变亮、滤色、公式、颜色减淡、线性减淡（添加）、浅色、叠加、柔光、强光、亮光、线性光、点光、实色混合、差值、排除、减去、划分、色相、饱和度、颜色及明度等选项。

⑧ 设置图层样式。图层样式是应用于图层或图层组的一种或多种效果。选择"图层"菜单中"图层样式"命令，或者双击需要设置图层样式的图层，也可以右击需要设置图层样式的图层并选择混合选项，都可以打开图层样式选项框，进行设置相应的参数添加图层效果。图层样式主要有以下几种：

- 制作斜面和浮雕效果。
- 阴影效果：在 Photoshop 中提供了两种阴影效果，分别为投影和内阴影。
- 混合模式：选定投影的色彩混合模式。
- 不透明度：设置阴影的不透明度，值越大阴影颜色越深。
- 角度：用于设置光线照明角度，即阴影的方向会随角度的变化而发生变化。
- 使用全角：可以为同一图像中的所有图层效果设置相同的光线照明角度。
- 距离：设置阴影的距离，变化范围为 0 ~ 30 000，值越大距离越远。
- 扩展：设置光线的强度，变化范围为 0% ~ 100%，值越大投影效果越强烈。
- 柔化程度：设置阴影柔化效果，变化范围为 0 ~ 250，值越大柔化程度越大。
- 质量：在此选项中，可通过设置轮廓和杂点选项来改变阴影效果。
- 图层挖空投影：控制投影在半透明图层中的可视性闭合。

三、实训内容

打开 Adobe Photoshop CC，按照要求完成下列操作并以"贺卡 .jpg"和"贺卡 .psd"为名保存文档，效果如图 9-8 所示。

图 9-8　实训九效果图

四、实训要求

（1）通过网络搜集素材。打开 Photoshop CC 软件，新建空白文件。

（2）使用渐变工具设置渐变背景。

（3）处理"花纹"素材，并与背景合并设置，制作花纹背景。

（4）处理灯笼、梅花、福字图案等素材。

（5）将处理好的素材合理放置到背景图案上，并修改图层名字。

（6）单击工具箱中的横排文字工具，输入文字"新年快乐"。

（7）为文字图层"新年快乐"，使用图层样式，设置效果。

（8）新建"高光"图层，单击工具箱中的画笔工具，然后在工具选项栏上设置画笔属性，画出高光，并使用"滤镜"中径向模糊命令，画出高光修饰贺卡。

（9）保存文件。

五、实训步骤

（1）通过网络搜集素材：花纹、灯笼、梅花、花边、福字图案、烟花等。打开 Photoshop CC 软件，选择"文件"菜单中的"新建"命令（快捷键为【Ctrl+N】），打开"新建文档"对话框，可以选择明信片预设文件，把文件命名为"贺卡"，文件的宽度设置为 285 毫米，文件的高度设置为 210 毫米，分辨率设置为 300 像素 / 英寸，颜色模式选择为 RGB 颜色，背景内容选择为白色，如图 9-9 所示。

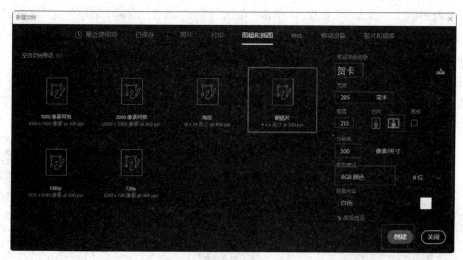

图 9-9　"新建文档"对话框

（2）单击"确定"按钮完成新文件的创建后，选择工具箱中的渐变工具 渐变工具 G（快捷键为 G），设置渐变类型为角度渐变，单击工具选项栏上的渐变编辑器按钮，打开"渐变编辑器"对话框，单击渐变条左边下面的色标，单击颜色两字后面的颜色图案打开"拾色器"对话框，设置颜色为 R：255，G：255，B：150，单击渐变条中间下方位置，增加一个新色标，设置颜色为 R：255，G：0，B：0，用同样的方法设置右边的色标颜色，也可根据自己的喜好设置颜色。最后单击"确定"按钮，完成渐变编辑器的设置，如图 9-10 所示，在文档窗口，按住鼠标左键由中心向右上角方向拖动，释放鼠标后就可以为图层添加渐变颜色效果。

图 9-10 "渐变编辑器"设置

（3）选择"文件"菜单中的"打开"命令，打开一张花纹素材，选择"移动工具" ，在花纹文档窗口按住鼠标左键不放，将"花纹"图片拖动到标题栏中贺卡的文件名上，当贺卡文档显示出来后，鼠标放到贺卡文档中时，再放开鼠标，就可以将花纹图片拖动到贺卡文件内。

在花纹文档窗口，在图层面板中双击背景图层，背景图层转为普通图层后，按【Ctrl+C】组合键，打开贺卡文档窗口，按【Ctrl+V】组合键，也可完成移动。

在图层面板中修改图层名为"花纹"，单击"花纹"图层，通过"编辑"菜单中的"自由变换"命令，或者按【Ctrl+T】组合键调整花纹大小（直接拖动为等比例缩放；按住【Shift】键拖动可以自由变换），设置混合模式为"正片叠底"，如图 9-11 所示。

（4）选择"文件"菜单中的"打开"命令（快捷键为【Ctrl+O】），打开素材"灯笼"，单击工具箱中的魔术橡皮刷工具 魔术橡皮擦工具，设置容差值为 32，取消勾选"连续"复选框，在素材白色地方单击，为灯笼素材图层去掉背景，效果如图 9-12 所示。用同样的方法处理其他素材。

图 9-11 花纹背景设置

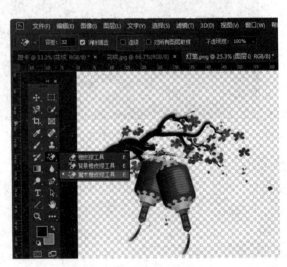

图 9-12 "灯笼"素材处理

选择"文件"菜单中的"打开"命令（快捷键为【Ctrl+O】），打开素材"福字"，在图层面板中双击背景图层，转为普通图层。单击工具箱中的"魔棒工具"，在工具栏选项中设置容差值为32，取消勾选"连续"复选框，在素材白色地方单击，选中图像中白色内容，按【Delete】键，删除白色背景，按【Ctrl+D】组合键取消选择命令，为"福字"素材图层去掉背景，效果如图 9-13 所示。

选择"文件"菜单中的"打开"命令（快捷键为【Ctrl+O】），打开素材"图案"素材。单击工具箱中的"快速选择工具"，在工具栏选项中选择"选择并遮住"工作区，如图 9-14 所示。在"选择并遮住"工作区，按【Ctrl++】组合键可以放大图案，方便操作。在右侧视图中选择合适的视图，单击"添加到选区"按钮，滑动鼠标选择目标图案，配合"从选区中减去"按钮，准确选出图案。选择输出设置为新建带有图层蒙版的图层，单击"确定"按钮。如图 9-15 所示。

图 9-13　"福字"素材处理

图 9-14　"图案"素材处理

图 9-15　"选择并遮住"设置

（5）把调整好的各种素材拖动到"贺卡"文件中，并修改相应图层名，选择"自由变换"命令（快捷键为【Ctrl+T】），调整好大小和位置，效果如图 9-16 所示。

（6）单击工具箱中的"竖排文字工具"，输入文字"新年快乐"，然后在工具选项栏上设置字体为华文隶书，大小为 72 点，颜色为红色，设置消除锯齿的方法为锐利，如图 9-17 所示。

图 9-16　素材处理结果

图 9-17　运用横排文字工具添加文字

（7）在图层面板双击文字图层进入图层样式，分别勾选投影、内阴影、外发光、斜面和浮雕、描边，内发光复选框。设置各项参考值，如图 9-18 和图 9-19 所示，然后单击"确定"按钮，效果如图 9-20 所示。

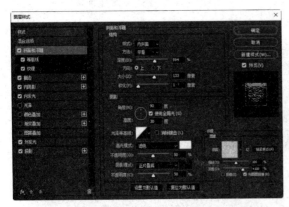
图 9-18　"图层样式"斜面和浮雕及纹理设置

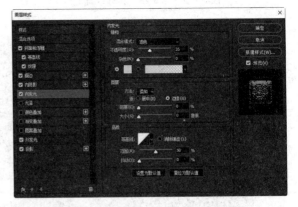
图 9-19　"图层样式"内发光设置

（8）创建新图层，命名为"高光"，单击工具箱中的"画笔工具" ，然后在工具选项栏中设置画笔属性，选择"柔边圆"笔触，设置可以覆盖一个文字大小的画笔大小，如图 9-21 所示。然后在贺卡"新"字上单击，如图 9-22 所示，选择"滤镜"菜单下"模糊"子菜单下的"径向模糊"命令，如图 9-23 所示，打开"径向模糊"对话框，并进行相应的设置，如图 9-24 所示，单击"确定"按钮，进行径向模糊效果设置。可用此方法对其他文字和其他需要高光的位置设置高光效果。最终效果图如图 9-25 所示。

图 9-20　"图层样式"设置

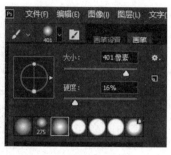

图 9-21　画笔工具设置

图 9-22　高光设置

图 9-23　"径向模糊"命令　　图 9-24　径向模糊设置

图 9-25　贺卡最终效果

（9）选择"文件"菜单中的"存储为"命令，在打开的"另存为"对话框中选择格式下拉列表中的 Photoshop（*.PSD;*PDD）选项，进行保存。

（10）选择"文件"菜单中的"存储为"命令，在打开的"另存为"对话框中选择格式下拉列表中的 JPEG（*.JPG;*.JPEG;*.JPE）选项，进行保存。

六、实训延伸

1. 基本概念

（1）像素：是组成图像的最基本单元，它是一个小的方形的颜色块。

（2）图像分辨率：单位面积内像素的多少。分辨率越高，像素越多，图像的信息量越大。单位为 ppi（pixels per inch），如 300 ppi 表示该图像每平方英寸含有 300×300 像素。

（3）点阵图：又称像素图，即图像由一个个的颜色方格所组成，与分辨率有关，单位面积内像素越多，分辨率越高，图像的效果越好。用于显示一般为 72 ppi；用于印刷一般不低于 300 ppi。

（4）矢量图：是由数学方式描述的曲线组成，其基本组成单元为锚点和路径。由 CorelDRAW、Illustrator 等软件绘制而成，与分辨率无关，放大后无失真。

（5）颜色模式：用于显示和打印图像的颜色模型。常用的有 RGB、CMYK、LAB、灰度等。

（6）文件格式：Photoshop 默认的文件格式为 PSD；网页上常用的有 PNG、JPEG、GIF；印刷中常用的为 EPS、TIFF。Photoshop 几乎支持所有的图像格式。

（7）分层设计：使用图层可以在不影响图像中其他图素的情况下处理某一图素。可以将图层想象成是一张张叠起来的醋酸纸。如果图层上没有图像，就可以一直看到底下的图层。通过更改图层的顺序和属性，可以改变图像的合成效果。

2．滤镜

滤镜主要是用来实现图像的各种特殊效果。所有的滤镜在 Photoshop 中都按分类放置在菜单中，使用时只需要从该菜单中执行此命令即可。滤镜的操作非常简单，但是真正用起来却很难恰到好处。滤镜通常需要同通道、图层等联合使用，才能取得最佳艺术效果。如果想在最适当的时候应用滤镜到最适当的位置，除了需要具有美术功底之外，还需要具有对滤镜的熟悉和操控能力，甚至需要具有很丰富的想象力。这样，才能有的放矢地应用滤镜，发挥出艺术才华。Photoshop CC 的常用滤镜及效果如表 9-1 所示。

表 9-1　常用滤镜及效果

滤　镜	产 生 效 果
风格化	可以产生不同风格的印象派艺术效果。有些滤镜可以强调图像的轮廓：用彩色线条勾画出彩色图像边缘，用白色线条勾画出灰度图像边缘
画笔描边	可以使用不同的画笔和油墨笔接触产生不同风格的绘画效果。一些滤镜可以对图像增加颗粒、绘画、杂色、边缘细线或纹理
模糊	可以模糊图像。这对修饰图像非常有用。模糊的原理是将图像中要模糊的硬边区域相邻近的像素值平均而产生平滑的过滤效果
扭曲	可以对图像进行几何变化，以创建三维或其他变换效果
锐化	可以通过增加相邻像素的对比度而使模糊的图像清晰
素描	可以给图像增加各种艺术效果的纹理，产生素描、速写等艺术效果，也可以制作三维背景
纹理	可以为图像添加具有深度感和材料感的纹理
像素化	可以将指定单元格中相似颜色值结块并平面化
渲染	在图像中创建三维图形、云彩图案、折射图案和模拟光线反射
艺术效果	可以模拟多种现实世界的艺术手法，制作精美的艺术绘画效果，也可以制作用于商业的特殊效果图像
杂色	可以添加或去掉图像中的杂色，可以创建不同寻常的纹理或去掉图像中有缺陷的区域

3．常用快捷键

（1）文件操作：

新建文件：【Ctrl+N】。

用默认设置创建新文件：【Ctrl+Alt+N】。

打开已有的图像：【Ctrl+O】。

打开为：【Ctrl+Alt+O】。

关闭当前图像：【Ctrl+W】。

保存当前图像：【Ctrl+S】。

另存为：【Ctrl+Shift+S】。

打印：【Ctrl+P】。

（2）选择功能：

全部选取：【Ctrl+A】。

取消选择：【Ctrl+D】。

重新选择：【Ctrl+Shift+D】。

羽化选择：【Shift+F6】。

反向选择：【Ctrl+Shift+I】。

路径变选区：数字键盘的【Enter】。

载入选区：【Ctrl】+ 单击图层、路径、通道面板中的缩略图。

（3）滤镜功能：

按上次的参数再做一次上次的滤镜：【Ctrl+F】。

退去上次所做滤镜的效果：【Ctrl+Shift+F】。

重复上次所做的滤镜（可调参数）：【Ctrl+Alt+F】。

（4）视图操作：

放大视图：【Ctrl+ +】。

缩小视图：【Ctrl+ -】。

左对齐或顶对齐：【Ctrl+Shift+L】。

中对齐：【Ctrl+Shift+C】。

右对齐或底对齐：【Ctrl+Shift+R】。

（5）编辑操作：

还原 / 重做前一步操作：【Ctrl+Z】。

剪切选取的图像或路径：【Ctrl+X】或【F2】。

拷贝选取的图像或路径：【Ctrl+C】。

合并拷贝：【Ctrl+Shift+C】。

自由变换：【Ctrl+T】。

应用自由变换（在自由变换模式下）：【Enter】。

取消变形（在自由变换模式下）：【Esc】。

自由变换复制的像素数据：【Ctrl+Shift+T】。

弹出"填充"对话框：【Shift+Backspace】。

（6）图层操作：

通过拷贝建立一个图层：【Ctrl+J】。

通过剪切建立一个图层：【Ctrl+Shift+J】。

向下合并或合并链接图层：【Ctrl+E】。

合并可见图层：【Ctrl+Shift+E】。

盖印或盖印链接图层：【Ctrl+Alt+E】。

盖印可见图层：【Ctrl+Alt+Shift+E】。

将当前层下移一层：【Ctrl+[】。

将当前层上移一层：【Ctrl+]】。

将当前层移到最下面：【Ctrl+Shift+[】。

将当前层移到最上面：【Ctrl+Shift+]】。

【习题】

一、选择题

1. 新建图像文件的快捷键是（　　　）。

   A. 【Ctrl+N】　　　B. 【Ctrl+O】　　　C. 【Ctrl+W】　　　D. 【Ctrl+D】

2. 打开图像文件的快捷键是（　　　）。

   A. 【Ctrl+ N】　　　B. 【Ctrl+ O】　　　C. 【Ctrl+ W】　　　D. 【Ctrl+ D】

3. Photoshop 是（　　　）公司开发的图像处理软件。

   A. 金山　　　　　B. 微软　　　　　C. Intel　　　　　D. Adobe

4. 下列工具中（　　　）可以选择连续的相似颜色的区域。

   A. 矩形选择工具　　B. 磁性套索工具　　C. 魔棒工具　　　　D. 椭圆选择工具

实训九习题
参考答案

5. 复制图层的操作是（　　　）。

   A. 选择"图像"→"复制"命令

   B. 新建图层蒙版

   C. 选择"编辑"→"复制"命令

   D. 将图层拖放到图层面板下方创建新图层图标上

6. 下面（　　　）的变化不会影响图像所占硬盘空间的大小。

   A. 分辨率　　　　　　　　　　　B. 像素大小

   C. 文件尺寸　　　　　　　　　　D. 存储图像时是否增加扩展名

7. 在 Photoshop 中有两种填充工具，即"油漆桶工具"和（　　　）。

   A. 渐变工具　　　　B. 网格工具　　　　C. 立体效果　　　D. 混合工具

8. Photoshop 图像最基本的组成单元是（　　　）。

   A. 像素　　　　　　B. 节点　　　　　　C. 色彩空间　　　D. 路径

9. Photoshop 工具箱的工具中有黑色向右的小三角符号，表示（　　　）。

   A. 表示可以弹出子菜单　　　　　B. 表示能弹出对话框

   C. 有并列的工具　　　　　　　　D. 表示该工具有特殊作用

10. 不属于渐变填充方式的是（　　　）。

   A. 直线渐变　　　　B. 角度渐变　　　　C. 对称渐变　　　D. 径向渐变

11. 下面（　　）不是"图层"菜单下的图层样式命令。

    A. 模糊　　　　　　　B. 内发光　　　　　　C. 外发光　　　　　　D. 内阴影

12. 下列（　）文件格式可以有多个图层。

    A. GIF　　　　　　　B. BMP　　　　　　　C. Photoshop　　　　D. JPEG

13. 要使某图层与其下面的图层合并可按（　　）组合键。

    A. 【Ctrl+D】　　　　B. 【Ctrl+E】　　　　C. 【Ctrl+K】　　　　D. 【Ctrl+J】

14. 下面（　　）能对选到的图像进行变换操作。

    A. 选择"图像"→"旋转画布"子菜单中的命令

    B. 按【Ctrl+T】组合键

    C. 选择"编辑"→"变换选区"菜单命令

    D. 选择"编辑"→"变换"子菜单中的变换命令

15. 自由变换的快捷键是（　　）。

    A. 【Ctrl+F】　　　　B. 【Ctrl+R】　　　　C. 【Ctrl+E】　　　　D. 【Ctrl+T】

16. 橡皮擦工具不包括（　　）。

    A. 橡皮擦　　　　　　B. 彩色橡皮擦　　　　C. 背景橡皮擦　　　　D. 魔术棒橡皮擦

17. 以下（　　）工具属性栏包含"容差"。

    A. 铅笔　　　　　　　B. 渐变　　　　　　　C. 魔棒　　　　　　　D. 油漆桶

18. 用于印刷的 Photoshop 图像文件必须设置为（　　）色彩模式。

    A. RGB　　　　　　　B. 灰度　　　　　　　C. CMYK　　　　　　D. 黑白位图

19. 图像分辨率的单位是（　　）。

    A. dpi　　　　　　　B. ppi　　　　　　　C. ipi　　　　　　　D. pixel

20. 选择"滤镜"菜单下"模糊"子菜单下的（　　）命令，可以产生旋转模糊效果。

    A. 模糊　　　　　　　B. 高斯模糊　　　　　C. 动感模糊　　　　　D. 径向模糊

21. 下面（　　）不是图像格式。

    A. .psd　　　　　　　B. .mp3　　　　　　　C. .jpg　　　　　　　D. .tif

22. 选择"滤镜"菜单下"杂色"子菜单下的（　　）命令，可以向图像随机地混合杂点，并添加一些细小的颗粒状像素。

    A. 添加杂色　　　　　B. 中间值　　　　　　C. 去斑　　　　　　　D. 蒙尘与划痕

23. 选择"滤镜"菜单下"渲染"子菜单下的（　　）命令，可以设置光源、光色、物体的反射特性等，产生较好的灯光效果。

    A. 光照效果　　　　　B. 滤色　　　　　　　C. 3D 变幻　　　　　D. 云彩

24. 当启动 Photoshop 软件后，根据内定情况，下列（　　）不会在桌面上显示。

    A. 工具选项栏　　　　B. 工具箱　　　　　　C. 各种浮动调板　　　D. 预设管理器

25. 选择"文件"菜单下的"新建"命令，在弹出的"新建"对话框中不可设定（　　）。

    A. 标题　　　　　　　B. 宽度　　　　　　　C. 颜色模式　　　　　D. 标尺

26. Photoshop 提供了很多种图层的混合模式，下面（　　）不是 Photoshop 的混合模式。

    A. 溶解　　　　　　　B. 色彩　　　　　　　C. 正片叠底　　　　　D. 滤色

27. 下面不属于 Photoshop 面板的是（　　）。

　　A．变换面板　　　　　B．图层面板　　　　　C．路径面板　　　　　D．颜色面板

28. 保存图像文件的快捷键是（　　）。

　　A．【Ctrl+D】　　　　B．【Ctrl+O】　　　　C．【Ctrl+W】　　　　D．【Ctrl+S】

29. 在图像编辑过程中，如果出现误操作，可以通过按（　　）组合键恢复到上一步。

　　A．【Ctrl +D】　　　　B．【Ctrl+Y】　　　　C．【Ctrl+Z】　　　　D．【Ctrl +Q】

30. 可以在色彩范围对话框中通过调整（　　）来调整颜色范围。

　　A．容差值　　　　　　B．消除混合　　　　　C．羽化　　　　　　　D．模糊

二、操作题

1. 通过 Adobe Photoshop CC 创建一个简单的火焰效果的文字，按照以下步骤完成操作，并以文件名 "火焰字 .psd" 和 "火焰字 .jpg" 保存文档，如图 9-26 所示。

（1）新建文件，创建大小为 1 800×1 100 像素，分辨率为 72 像素 / 英寸，RGB 颜色，8 位，背景内容为白色的新文件。

（2）设置前景颜色为 #564011，背景颜色为 #170d01b。选择渐变工具，选择前景到背景渐变填充，然后单击径向渐变图标。从文档的中心单击并拖动到其中一个角以创建背景渐变层。

（3）加入素材纹理图片，并把图层混合模式改成柔光，如图 9-27 所示。

图 9-26　火焰字效果

（4）单击选择工具箱中的文字工具，在画布上输入数字 2，字体大小可以根据自己的喜好设置。

（5）双击图层 2，打开图层样式，设置斜面和浮雕，样式为内斜面，方法为平滑，方向为上，大小为 27，软化为 16，角度为 90，取消使用全局光，高度为 11，光泽等高线自定义，高光模式为颜色减淡 #ffffff，阴影模式为颜色加深 #000000，如图 9-28 所示。

图 9-27　"柔光" 图层样式

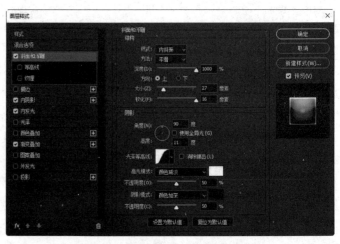

图 9-28　"图层样式" 斜面和浮雕设置

（6）设置内发光，如图 9-29 所示。

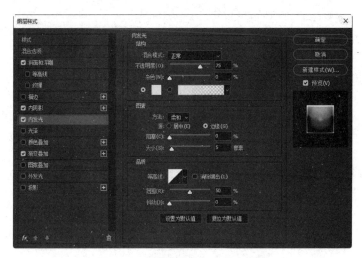

图 9-29　"图层样式"内发光设置

（7）设置内阴影，混合模式为叠加 #ffffff，不透明度为 42%，角度为 90，距离为 43，大小为 38，等高线为锥形。设置内发光，混合模式为颜色减淡，不透明度为 46，颜色为 #b18e02，光源为边缘，大小为 70，如图 9-30 所示。

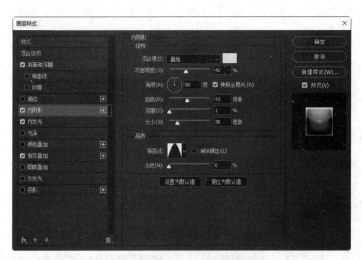

图 9-30　"图层样式"内阴影设置

（8）设置渐变叠加，混合模式为变亮，不透明度为 52，渐变颜色自定义，样式为径向，角度为 90，缩放为 120%；再添加渐变叠加两次，如图 9-31 所示。

（9）单击工具箱中的文字工具，在画布上分别输入数字 0、2、1，字体大小和数字 2 一样（注意一个图层一个数字）。

（10）选择图层面板，右击数字 2 图层，选择"拷贝图层样式"命令，然后右击数字 0 图层，选择"粘贴图层样式"命令。数字 0 的效果就和数字 2 一样了。采用相同的方法分别给数字 2、数字 1 添加图层样式，如图 9-32 所示。

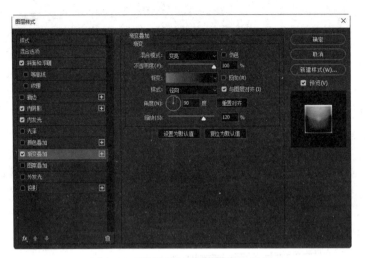

图 9-31　"图层样式"渐变叠加设置

（11）打开自己搜索的"火"的素材图片，从中选取自己喜欢的部位用多边形套索工具 多边形套索工具 L 选取，然后用移动工具 拉入文字中。将火焰放在文字合适的位置，把图层模式改成滤色。按【Ctrl+T】组合键调整火焰的大小，并调整到合适位置，如图 9-33 所示。

（12）给图层添加图层蒙版 ，选择画笔工具，用黑色把不需要的部分涂掉。用上面相同的方法，给文字其他部分添加火焰效果，如图 9-34 所示。

图 9-32　图层样式设置

图 9-33　"滤色"效果

图 9-34　"火焰字"效果

2. 打开文件"风景图 .jpg"，按照要求完成下列操作，并以文件名"图片水彩效果 .psd"和"图片水彩效果 .jpg"保存文档，原图与效果图如图 9-35 所示。

（a）原图　　　　　　　　（b）效果图

图 9-35　图片水彩

（1）打开一张需要制作水彩效果的图片。

（2）右击背景图层，选择"复制图层"命令。

（3）单击背景副本，执行"图像"菜单下的"调整"命令，设置色相饱和度为饱和度 +80，调整出印象派的效果。

（4）右击背景副本，选择"转换为智能对象"命令。

（5）执行"滤镜"菜单下"艺术效果"子菜单中的"干画笔"命令，在参数面板中将画笔大小改为最大，画笔细节为 5，纹理为 1；再一次运用干画笔，这一次的参数稍作修改，画笔大小改为 6，画笔细节改为 4，纹理为 1；在进行参数调试时，要时时关注到细节的处理效果是否符合手绘的视觉特性，根据需要设置参数。

（6）图层面板中图层下方的智能滤镜中会出现所运用的滤镜列表。单击最上方的"干画笔"右侧有一个小图标，双击该图标将混合模式改为"滤色"，透明度设为 80%。

（7）执行"滤镜"菜单下"模糊"子菜单中"特殊模糊"命令，在特殊模糊的参数面板中将模糊半径设置为 8.5，阈值设置为 100，品质下拉列表框中选择"高"。

（8）执行"滤镜"菜单下"画笔描边"子菜单中"喷溅"命令，设置喷色半径为 7，平滑度为 4。

（9）执行"滤镜"菜单下"风格化"子菜单中"查找边缘"命令，单击查找边缘右侧的小图标，在混合选项面板中将上一步所用滤镜的混合模式改为"正片叠底"，透明度降至 70%。

（10）打开一张纹理素材图片，将纹理素材图片拖到水彩图片文件内所有图层上，将混合模式改为正片叠底，适当调整透明度，合并所有图层即可完成。

实训十
Photoshop CC 照片处理

一、实训目的

（1）掌握"移动工具""裁剪工具""画笔工具"等工具的应用，能够对图像进行相应的处理。

（2）掌握"选择主体""选择并遮住"等功能的使用方法。

（3）掌握 Photoshop 中图像的色彩调整方法。

（4）掌握"修复工具"和"图章工具"的使用方法。

（5）掌握"通道"面板的使用方法。

（6）掌握"图层合并""图层顺序"等操作的使用技巧。

二、实训准备

1. 图像色彩基础及色彩调整

（1）图像色彩基础。

亮度：光作用于人眼所引起的明亮程度的感觉，它与被观察物体的发光强度有关。

色调：也称色相，是当人眼看一种或多种波长的光时所产生的彩色感觉，它反映颜色的种类，决定颜色的基本特性。

饱和度：也称彩度，是指颜色的纯度，即掺入白光的程度，对于同一色调的彩色光，饱和度越高颜色越鲜明。

对比度：指不同颜色的差异程度，对比度越大，两种颜色之间的差异就越大。

图像分辨率：是指在单位长度内所含有的像素数量的多少，分辨率的单位为点 / 英寸（dpi）、像素 / 英寸（ppi）、"像素 / 厘米"。一般用来印刷的图像分辨率，至少为 300 dpi，低于这个数值印刷出来的图像不够清晰。如果打印或者喷绘，只需要 72 dpi 就可以了。分辨率越高，图像越清晰，所产生的文件越大，在工作中所需的内存和 CPU 处理时间越多。

（2）色彩调整。

执行"图像"菜单下"调整"命令，显示出 Photoshop 所提供的所有色彩调整的命令，如图 10-1 所示。

图 10-1　"图像"→"调整"菜单

① 色彩平衡：会在彩色图像中改变颜色的混合，从而使整体图像的色彩平衡。虽然"曲线"命令也可以实现此功能，但"色彩平衡"命令使用起来更方便、更快捷。

② 亮度／对比度：主要用来调节图像的亮度和对比度。

③ 黑白：调节某颜色条的滑块，会调节图像中的这种颜色，色调一栏勾选之后，图像的颜色基调会呈现色调滑块所指示的颜色，可以将图像变成单色图像，也可将图片会变成黑白效果。

④ 色相/饱和度：主要用于改变像素的色相及饱和度，它还可以通过给像素指定新的色相和饱和度，实现给灰度图像染上色彩的功能。

⑤ 替换颜色：可以先选定颜色，然后改变它的色相、饱和度和亮度值。它相当于"色彩范围"加上"色相／饱和度"的功能。

⑥ 可选颜色：与其他颜色校正工具相同，"可选颜色"可以校正不平衡问题和调整颜色。

通道混合器可以使用当前颜色通道的混合来修改颜色通道。

注：通道混合器命令只能作用于 RGB 和 CMYK 颜色模式，并且在执行此命令之前必须先选中主通道，而不能先选中 RGB 和 CMYK 中的单一原色通道。

⑦ 色调分离：按颜色通道中的色阶值对图像进行颜色分离，当色阶值为 2 时，图像被分离为光三原色、色三原色和黑白 8 个颜色；当色阶值为 3 时，颜色通道中有 3 个灰度值，图像中有 27 种颜色。

⑧ 反相：可以将像素的颜色改变为它们的互补色。如白变黑、黑变白等。

（3）曲线调整

曲线是 Photoshop 中最常用到的调整工具。打开需要调整的文件，执行"图像"菜单下"调整"子菜单下"曲线"命令，打开"曲线"对话框，如图 10-2 所示，按住【Ctrl】键单击图像区域建立新的调节点。用调节点带动曲线向上或向下移动将会使图像变亮或变暗。曲线中较陡的部分表示对比度较高的区域；曲线中较平的部分表示对比度较低的区域。可以利用方向键精确调节。

（4）色阶

色阶也属于 Photoshop 的基础调整工具。色阶就是用直方图描述出的整张图片的明暗信息。如图 10-3 所示，从左至右是从暗到亮的像素分布，黑色三角代表最暗地方（纯黑），白色三角代表最亮地方（纯白）。灰色三角代表中间调。修改色阶其实就是扩大照片的动态范围（动态范围指相机能记录的亮度范围），查看和修正曝光、调色，提高对比度等。

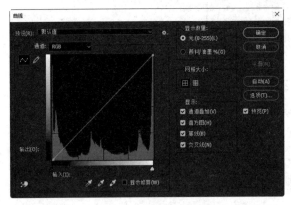

图 10-2 "曲线"对话框

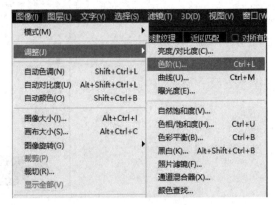

图 10-3 "色阶"对话框

2. 常用照片尺寸规格及制作要求

常用照片尺寸规格及制作要求如表 10-1 所示。

表 10-1 常用照片尺寸规格及制作要求

照 片 规 格	标准尺寸（cm×cm）	像 素	像素要求
1寸	2.5 × 3.5	413 × 295	
身份证大头照	3.3 × 2.2	390 × 260	
2寸	3.5 × 5.3	626 × 413	
小2寸（护照）	4.8 × 3.3	567 × 390	
5寸	12.7 × 8.9	1 200 × 840	
6寸	15.2 × 10.2	1 440 × 960	130 万像素以上
7寸	17.8 × 12.7	1 680 × 1 200	200 万像素以上
8寸	20.3 × 15.2	1 920 × 1 440	300 万像素以上
10寸	25.4 × 20.3	2 400 × 1 920	400 万像素以上
12寸	30.5 × 20.3	2 500 × 2 000	500 万像素以上
15寸	38.1 × 25.4	30 00 × 2 000	600 万像素以上

3. 修复画笔工具

修复画笔工具是 Photoshop 中处理照片常用的工具之一。利用修复画笔工具可以快速移去照片中的污点和其他不理想部分。Photoshop 的修复画笔工具内含五个工具，分别是污点修复画笔工具、修复画笔工具、修补工具、内容感知移动工具、红眼工具，如图 10-4 所示。

（1）污点修复画笔工具。

污点修复画笔工具可以快速移去照片中的污点和其他不理想部分。污点修

图 10-4 修复画笔工具

复画笔的工作方式与修复画笔类似，它使用图像或图案中的样本像素进行绘画，并将样本像素的纹理、光照、透明度和阴影与所修复的像素相匹配。与修复画笔不同，污点修复画笔不要求指定样本点。污点修复画笔将自动从所修饰区域的周围取样。在工具箱中，选择污点修复画笔工具，在选项栏设置画笔大小，模式设置为"正常"，在类型里，选择"内容识别"，单击需要修复的地方即可。

（2）修复画笔工具。

当使用修复画笔工具的时候，如果像污点修复画笔工具那样直接单击，会弹出一个对话框提醒"按住【Alt】键定义用来修复图像的源点"，按住键盘上的【Alt】键不放，单击图层上与要修复相近的区域，然后松开鼠标，放开【Alt】键，就可以单击需要修复的地方进行修复处理了。

（3）修补工具。

通过使用修补工具，可以用其他区域或图案中的像素来修复选中的区域。与修复画笔工具一样，修补工具会将样本像素的纹理、光照和阴影与源像素进行匹配。首先单击修补工具图标，这时鼠标会变成一块补丁状，在需要修补的地方，按住鼠标左键，将需要修补处圈住，然后放开左键，圈住的地方会变成蚂蚁线，把鼠标移到上面再按住左键，拖到要用它作修补的地方，而后放开鼠标，即完成修补。

（4）内容感知移动工具。

可以选择和移动局部图像。当图像重新组合后，出现的空洞会自动填充相匹配的图像内容，完成极其真实的合成效果。

（5）红眼工具。

红眼工具可移去用闪光灯拍摄的人物照片中的红眼，也可以移去用闪光灯拍摄的动物照片中的白、绿色反光。首先选择红眼工具，在红眼中单击，如果对结果不满意，可还原修正，在选项栏中设置一个或多个选项，然后再次单击红眼。

修补工具使用注意事项：

① 在修补图像的时候，要尽量划出和需要修补部位差不多大小的范围，太大容易丢失细节，太小不容易操作。

② 在选择覆盖所需修补图像部位的像素时，尽量选择和选区里颜色相近的像素，太深容易有痕迹，太浅容易形成局部亮点，尽量在离需修补部位不远的地方选择。

③ 圈选选区的时候，尽量不要将明暗对比强烈的像素圈进一个大选区，如遇到明暗交界线上的部位需要修补，则应尽量寻找同处明暗交界处的像素将其覆盖，否则容易修丢光感。

4．Photoshop CC 中抠图方法简介

照片的后期处理中，经常会使用 Photoshop 将照片中的人物素材提取出来，以便实现背景更换等特殊效果。利用 Photoshop 来对人物素材进行提取的方法很多，简单介绍 Photoshop 抠图的几种方法。

（1）魔棒法。

魔棒法适用于图像和背景色色差明显，背景色单一，图像边界清晰的图片，主要方法是通过删除背景色来获取图像，主要缺陷是对散乱的毛发不太适用。

操作步骤：

① 打开图片；

② 单击"魔棒工具"；

③ 在"魔棒"工具条中，选中"连续"复选框；

④ "容差"值填入 20（值可以根据之后的效果进行调节）；

⑤ 用魔棒单击背景色，会出现虚框围住背景色；

⑥ 如果对虚框的范围不满意，可以先按【Ctrl+D】组合键取消虚框，再对"容差"值进行调节；

⑦ 如果对虚框圈定范围满意，按【Delete】键，删除背景色，就得到了单一的图像。

（2）磁性套索法。

磁性套索会自动识别图像边界，并自动黏附在图像边界上，这种方法方便、精确、快速，主要适用于图像边界清晰的图片，要特别注意边界模糊处需仔细放置边界点。

操作步骤：

① 打开图片；

② 在工具箱中单击"套索工具" ，选中"磁性套索工具" ；可是设置适当的羽化值 ；

③ 配合工具栏选项中的"选择主体""选择并遮住"功能的使用，用"磁性套索工具"，沿着图像边界放置边界点，两点之间会自动产生一条线，并黏附在图像边界上；

④ 套索闭合后，单击"选择"菜单下"反向"命令，按【Delete】键，删除背景色，就得到了单一的图像。

（3）钢笔工具法。

路径抠图就是用钢笔工具把图片要用部分圈起来，然后将路径作为选区载入，反选，再从图层中删除不需要的部分。这种方法属外形抠图的方法，可用于外形比较复杂色差又不大的图片抠图。辅之以橡皮擦工具，可取得好的效果。

操作步骤：

① 打开图片；

② 双击该图层，将背景层改为普通层；

③ 选取钢笔工具 ，在其属性栏选取参数；

④ 把图片中要用部分圈起来；

⑤ 终点接起点，形成闭合区；

⑥ 在路径面板卜面单击"将路径作为选区载入"按钮；

⑦ 单击"选择"菜单"反向"命令，按【Delete】键，删除背景色，就得到了单一的图像。

（4）蒙版抠图。

蒙版抠图是综合性抠图方法，即利用了图中对象的外形也利用了其颜色。先用魔术棒工具单击对象，再用添加图形蒙版把对象选出来。其关键环节是用白、黑两色画笔反复减、添蒙版区域，从而把对象外形完整精细地选出来。

操作步骤：

① 打开图片；

② 双击该图层，将背景层改为普通层；

③ 选取魔术棒工具，容差选大点（50～80），按住【Shift】键，通过多次单击，把对象全部选出来；

④ 单击添加蒙版工具 按钮；

⑤ 在导航器面板中将显示比例调大，突出要修改部分；

⑥ 选背景色为黑色，前景色为白色；

⑦ 选取画笔工具，直径在 10 左右，对要修改部分添加蒙版区域；

⑧ 把画笔直径调小点（5～7），转换前景和背景色，使前景色为黑色，把所添加的多余部分减掉；

⑨ 如果不够理想，则重复⑦和⑧两步，以达到满意效果。

（5）通道抠图。

通道抠图属于颜色抠图方法，利用了对象的颜色在红、黄、蓝三通道中对比度不同的特点，从而在对比度大的通道中对对象进行处理。先选取对比度大的通道，再复制该通道，在其中通过进一步增大对比度，再用魔术棒工具把对象选出来。可适用于色差不大而外形又很复杂的图像的抠图，如头发、树枝、烟花等。

操作步骤：

① 打开图片；

② 双击背景图层，将背景层改为普通层；

③ 打开通道面板，分别单击红、黄、蓝三个单色面板，找出对象最清晰的通道；

④ 将该通道拖至通道面板下面的创建新通道按钮上，复制出其副本通道；

⑤ 执行"图像"菜单下"调整"菜单下"色阶"命令，调整"输入色阶"，增强对象对比度；

⑥ 执行"图像"菜单下"调整"菜单下"反相"命令；

⑦ 选用套索工具，把头发或者烟花等图案圈出来；

⑧ 执行"选择"菜单下"反向"命令，执行"编辑"菜单下"填充"菜单下"填充"命令，填充前景色（白色），然后执行"选择"菜单下"取消选择"命令；

⑨ 执行"图像"菜单下"调整"菜单下"反相"命令，按住【Ctrl】键单击该副本通道，载入烟花等选区，切换到图层面板，烟花等被选中；

⑩ 执行操作："选择"菜单下"反选"命令，"编辑"菜单下"清除"命令，"选择"菜单下"取消选择"命令。

5．通道

通道最主要的功能是保存图像的颜色数据。通道除了能够保存颜色数据外，还可以用来保存蒙版，即将一个选区范围保存后就会成为一个蒙版，保存在一个新增的通道中。

单击 Window/Channels（显示通道），打开通道面板。通过该面板，可以完成所有通道操作，该面板的组成有：

（1）通道名称：每一个通道都有一个不同的名称以便区分。

（2）通道预览缩略图：在通道名称的左侧有一个预览缩略图，其中显示该通道的内容。

（3）眼睛图标：用于显示或隐藏当前通道，切换时只需单击该图标即可。

（4）通道组合键：通道名称右侧的【Ctrl+～】、【Ctrl+1】等为通道组合键，这些组合键可快速、准确地选中所指定的通道。

（5）作用通道：也称活动通道，选中某一通道后，则以蓝色显示这一条通道。

（6）将通道作为选区范围载入：将当前通道中的内容转换为选区，或将某一通道拖动至该按钮上来建立选区范围。

（7）将选区范围存储通道：将当前图像中的选区范围转变成蒙版保存到新增的 Alpha 通道中。

（8）创建新通道：可以快速建立一个新通道。

（9）删除当前通道：可以删除当前作用通道，或者用鼠标拖动通道到该按钮上也可以删除。

（10）通道面板菜单：其中包含所有用于通道操作的命令，如新建、复制和删除通道等。

三、实训内容

1. 制作一寸蓝底照片

打开 Adobe Photoshop CC，打开文件"照片 .jpg"，按标准裁剪一寸照片，并将该照片的底色换为蓝色，并以文件名"照片蓝底 .psd"和"照片蓝底 .jpg"保存，如图 10-5 所示。

图 10-5　更换照片底色效果图

2. 图片背景替换

打开 Adobe Photoshop CC，打开文件"骏马 .jpg"，按照实训要求完成操作，并以文件名"骏马效果图 .psd"和"骏马效果图 .jpg"保存，效果如图 10-6 所示。

图 10-6　骏马图片处理结果图

四、实训要求

1. 制作一寸蓝底照片

（1）打开 Photoshop CC 软件，选择"文件"菜单下"打开"命令，打开文件，单击工具箱中的裁剪工具，对照片进行裁剪。

（2）选择修复画笔工具，对图片瑕疵部分进行修复。

（3）使用"快速选择工具"，配合工具栏选项中的"选择主体""选择并遮住"功能抠出主体图案。

（4）新建图层，并填充蓝色。

（5）调整图层顺序，并合并图层，建立蓝色背景。

（6）改变图像大小和画布大小，设置正确图像大小并为照片添加白框。

（7）选择"编辑"菜单下"定义图案"命令，将上述完成的照片作为定义图案。

（8）新建文件，按要求设置参数。

（9）选择"编辑"菜单下的"填充定义图案"命令，使用已定义图案填充新文件。

（10）保存文件。

2. 图片背景替换

（1）打开 Photoshop CC 软件，打开文件"骏马 .jpg"。

（2）打开通道面板，选择蓝色通道。

（3）单击蓝色通道，右击选择"复制通道"命令。

（4）选择"图像"菜单下"调整"菜单下"色阶"命令，进行调整。

（5）执行"图像"菜单下"调整"子菜单下"反相"命令，或者按【Ctrl+I】组合键反相显示。

（6）设置前景色和背景色

（7）使用画笔工具 ，把"骏马"图案以外的涂黑，把"骏马"图案涂白。

（8）按住【Ctrl】键，单击通道面板中的蓝副本的头像部分的通道缩略图，生成新的选区。

（9）单击图层面板，按【Ctrl+J】组合键，生成新图层。

（10）打开文件"背景素材 1"。

（11）选择移动工具 ，将抠出的"骏马"图案拖到"背景素材 1"中，并进行大小调整，合并可见图层。

（12）使用仿制图章工具，修饰"骏马"的马蹄部分，使图像更加自然。

（13）保存文件。

五、实训步骤

1. 制作一寸蓝底照片

（1）打开 Photoshop CC 软件，选择"文件"菜单下的"打开"命令（快捷键为【Ctrl+O】），打开文件"照片 .jpg"。单击工具箱中的裁剪工具，设置宽度为 2.5 厘米，高度为 3.5 厘米，如图 10-7 所示。选择合适的区域，对照片进行裁剪，如图 10-8 所示。

图 10-7　裁剪工具

（2）在工具箱中选择污点修复画笔工具，如图 10-4 所示。在工具栏选项设置画笔大小，模式设置为"正常"，用鼠标单击需要修复的地方，效果如图 10-9 所示。

图 10-8　一寸照片

图 10-9　一寸照片（修复）

（3）在工具箱中选择快速选择工具，如图 10-10 所示，主体被选中，同时工具栏选项中选择"选择并遮住"，进行设置，然后单击"添加到选区"按钮，拖动鼠标选择目标图案，配合"从选区中减去"按钮，准确选出图案。设置边缘检测为像素 32，选择输出设置为新建带有图层蒙版的图层，单击"确定"按钮，如图 10-11 所示，即可选出背景为透明的照片，如图 10-12 所示。

图 10-10　选择主体

图 10-11　选择并遮住

（4）在图层面板单击新建按钮，新建图层，命名为"蓝色背景"，如图 10-13 所示，选中蓝色背景图层，选择"编辑"菜单下的"填充"命令，如图 10-14 所示。选择"颜色"，如图 10-15 所示。弹出"拾色器颜色"对话框，在拾色器选项框中设置颜色为 R:0,G:0,B:255，如图 10-16 所示，单击"确定"按钮，蓝色背景图层填充为蓝色。

图 10-12 透明背景照片

图 10-13 新建图层

图 10-14 填充命令

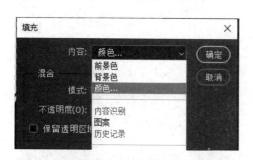

图 10-15 填充颜色

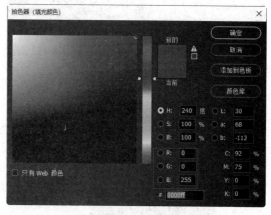

图 10-16 填充颜色设置

（5）调整图层顺序：在图层面板中，用鼠标左键拖动蓝色背景图层到抠出的照片下面，如图 10-17 所示。在某一个图层上右击，选择"合并可见图层"命令，进行图层合并。

图 10-17 改变图层顺序

（6）选择"图像"菜单下的"图像大小"命令，设置宽度为 2.5 厘米，高度为 3.5 厘米，分辨率设置为 300 像素 / 厘米，单击"确定"按钮，如图 10-18 所示。选择"图像"菜单下的"画布大小"命令，设置宽度为 0.4 厘米，高度为 0.4 厘米，选中"相对"复选框，如图 10-19 所示，单击"确定"按钮，效果如图 10-20 所示。

（7）选择"编辑"菜单下的"定义图案"命令，如图 10-21 所示。在弹出的对话框中，将图案名称改为"一寸照片 .jpg"，如图 10-22 所示。

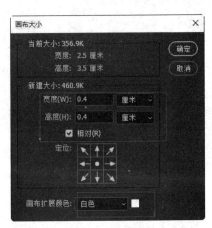

图 10-19　设置画布大小

图 10-18　设置图像大小

图 10-20　一寸照图

图 10-21　定义图案

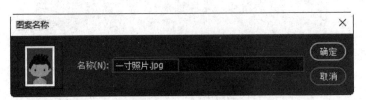

图 10-22　定义图案名称

（8）新建文件，标题设置为"一寸照排版"，宽度为 11.6 厘米，高度为 7.8 厘米，分辨率为 300 像素 / 厘米，背景为白色，单击"创建"按钮，如图 10-23 所示。

（9）选择"编辑"菜单下的"填充"命令，打开"填充"对话框，选择填充内容为图案，自定图案中选择"一寸照"，如图 10-24 所示，单击"确定"按钮。填充效果如图 10-25 所示。

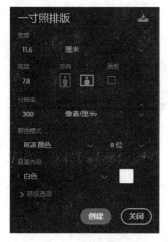

图 10-23　新建文件

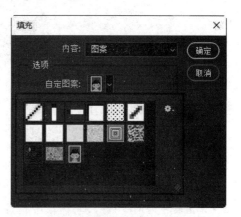

图 10-24　填充自定义图案

图 10-25　一寸照排版效果

（10）执行"文件"菜单下的"存储为"命令，在打开的"另存为"对话框中"选择"格式下拉列表中的 Photoshop(*.PSD;*PDD) 选项，进行保存。执行"文件"菜单下"存储为"命令，在打开的"另存为"对话框中选择格式下拉列表中的 JPEG（*.JPG;*.JPEG;*.JPE）选项，进行保存。

2. 图片背景替换

（1）打开 Photoshop CC 软件，选择"文件"菜单下的"打开"命令，打开文件"骏马 .jpg"，如图 10-26 所示。在图层面板中双击背景图层，将背景图层转为普通图层。

图 10-26　"骏马 .jpg"

（2）打开通道面板，一般照片为 RGB 模式，在 R、G、B 三通道中找出一个对比度最强的通道，即反差最大的，这样的通道容易实现主体与背景的分离，在本图中选择蓝色通道，如图 10-27 所示。

（3）单击蓝色通道，右击选择"复制通道"命令，如图 10-28 所示。

图 10-27　选择蓝色通道

图 10-28　复制蓝色通道

（4）为了增加颜色反差，单击"图像"菜单下"调整"菜单下的"色阶"命令，如图 10-29 所示。打开"色阶"对话框，把两边的三角形往中间拉，进行色阶调节，使图片黑白更加明显，也就是黑色越黑，白色越白，如图 10-30 所示，单击"确定"按钮。效果如图 10-31 所示。

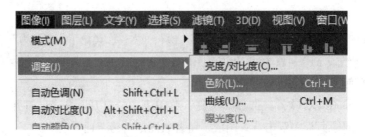

图 10-29　"色阶"命令

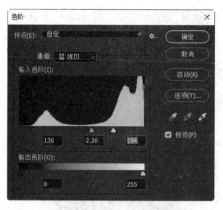

图 10-30 "色阶"对话框

图 10-31 "色阶"应用后效果

（5）执行"图像"菜单下"调整"子菜单下的"反相"命令，或者按【Ctrl+I】组合键，结果如图 10-32 所示。

（6）在工具箱中设置前景色为黑色，背景色为白色，如图 10-33 所示。

图 10-32 "反相"应用后效果

图 10-33 设置前景色和背景色

（7）在工具箱中选择画笔，选择合适大小。用画笔工具将图像中白色的"骏马"全部涂白，其余地方全部涂黑。过程中，可以使用【Ctrl+ +】组合键放大图案，【Ctrl+ -】组合键缩小图案，按【Space】键切换为抓手工具 ✋，可以在图片上移动，效果如图 10-34 所示。

（8）按住【Ctrl】键，单击通道面板中的蓝拷贝通道的缩览图，如图 10-35 所示，生成新的选区。

图 10-34 建立选区过程图

图 10-35 选择选区

（9）回到图层面板，单击图像图层，按【Ctrl+J】组合键，骏马图案被抠出，并生成一个新图层"图层 1"，单击原图前的眼睛图标，隐藏原图，可以看到抠出的图案。如图 10-36 所示。

图 10-36　图层 1

（10）打开背景素材 1，如图 10-37 所示。

图 10-37　背景素材 1

（11）选择移动工具，将抠出的"骏马"图案拖到背景素材 1 中，进行大小缩放调整，合并可见图层，如图 10-38 所示。

图 10-38 效果图 1

（12）进行腿部修饰：选择工具箱中的图章工具，如图 10-39 所示。设置合适的笔触大小，按住【Alt】键单击选取部分草地，鼠标移动的时候变成了带图像的效果，涂抹骏马马蹄部位，使图像变得更加自然。最终结果如图 10-40 所示。该方法也适用于人物照片的背景替换。

图 10-39 仿真图章工具

图 10-40 最终效果图

（13）执行"文件"菜单下的"存储为"命令，在打开的"另存为"对话框中选择格式下拉列表中的 Photoshop (*.PSD;*PDD) 选项，进行保存。执行"文件"菜单下的"存储为"命令，在打开的"另存为"对话框中选择格式下拉列表中的 JPEG（*.JPG;*.JPEG;*.JPE）选项，进行保存。

六、实训延伸

1. 创建选区

为了满足各种应用的需要，Photoshop 提供了三种选区工具："选框工具"、"套索工具"和

"魔棒工具"。其中"选框工具"包含四种，用于建立简单的几何形状的选区；"套索工具"包含三种，用于建立复杂的几何形状的选区；魔棒工具包含两种，能够根据色彩进行选择。各种选区工具在工具箱中平时只有被选择的一个为显示状态，其他为隐藏，长按鼠标左键则显示出所有的按钮，如图 10-41 所示。

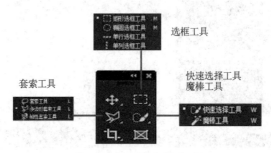

图 10-41　"选区"工具

（1）选项面板。

每个选区工具都有自己的选项，在使用选区工具之前通常先在选项面板中进行必要的设置，选区工具的选项框如图 10-42 所示。

图 10-42　"选区"工具选项面板

新建一个选区后，可以在选项框 处进行设置，实现对新建选区与已有选区进行并集（添加到选区），差集（从选区减去）和交集（与选区交叉）的操作，进而制作各种复杂的选区。

羽化和消除锯齿可以处理选区边缘的效果，羽化是通过建立选区和选区周围像素之间的转换来模糊边缘，因此该模糊边缘将丢失选区边缘的一些细节，用户可以通过设置羽化值来控制选区的羽化效果，如图 10-43 所示；消除锯齿通过软化边缘像素与背景像素之间的颜色转换，使选区的锯齿状边缘平滑，因为只更改边缘像素，所以无细节丢失。

图 10-43　"羽化"效果

（2）选框工具组。

· 矩形选框工具，可以产生矩形选区，按住【Shift】键的同时拖动鼠标可绘制出正方形。

· 椭圆选框工具，可以绘制椭圆选区，其用法类似矩形选框工具。

· 单行选框工具，可以绘制高为 1 像素、宽为图像宽度的矩形选区。

· 单列选框工具，可以绘制宽为 1 像素、高为图像高度的矩形选区。

（3）套索工具组。

· 磁性套索工具，可以自动根据图像与周围颜色差别来吸附图像的边缘勾画出选区。一般参数设置：宽度 1 ～ 2 像素，边对比度 80% ～ 90%，频率 20 或 40 可以提高效率。也可以放大图像以便选择得更细致、更精确。按住【Space】键，工具会临时转变成抓手工具，将因放大而看不到的部分拖动显示出来，然后松开【Space】键，工具会再次转回磁性套索工具。若选择失误，可以按【Delete】键撤销节点，继续重新套索。

· 多边形套索工具，单击鼠标可以绘制出多边形选区。

· 套索工具，根据鼠标移动的轨迹产生选区。

（4）魔棒工具组

· 魔棒工具，选择与鼠标落点处颜色相同或者相近的区域。相近的程度由参数容差决定，容差值越大，允许的误差就越大，反之则越小。

· 快速选择工具，类似于可以移动的魔棒。

2. 人脸识别液化

"液化"滤镜现在具备高级人脸识别功能，能够自动识别眼睛、鼻子、嘴唇和其他面部特征，这更便于进行调整。"人脸识别液化"能够有效地修饰肖像照片、制作漫画，并进行更多操作。可以使用"人脸识别液化"作为智能滤镜，进行非破坏性编辑。选择"滤镜"→"液化"命令，然后在"液化"对话框中选择脸部工具即可。

3. 匹配字体

Photoshop CC 可以利用机器学习技术来检测字体，并将其与计算机或 Typekit 中经过授权的字体相匹配，进而推荐相似的字体。只需选择其文本中包含要分析的字体的图像区域。选择"文字"→"匹配字体"命令即可实现相应操作。

选择文本以匹配字体时，请记住以下最佳做法：

· 绘制选框，使其包含单行文本。

· 紧靠文本左右两侧边缘裁剪选框。

· 选择一种字样和样式。请勿在选区内混杂多种字样和样式。

· 如有必要，先拉直图像或校正图像透视，然后再选择"文字"→"匹配字体"命令。

注意：

匹配字体、字体分类和字体相似度功能当前仅适用于罗马 / 拉丁字符。

【习题】

一、选择题

1. 在 RGB 模式下，某像素的 R、G、B 的值均为 0，则该像素的颜色是（   ）。

    A. 白色   B. 黑色   C. 灰色   D. 红色

2. 在 Photoshop 中下面有关修补工具的使用描述正确的是（   ）。

    A. 在使用修补工具操作之前所确定的修补选区不能有羽化值

    B. 修补工具和修复画笔工具在使用时都要先按住【Alt】键来确定取样点

    C. 修补工具和修复画笔工具在修补图像的同时都可以保留原图像的纹理、亮度、层次等信息

    D. 修补工具只能在同一张图像上使用

3. 用于打印时最终输出的分辨率是（   ）。

    A. 55 ppi   B. 72 ppi   C. 133 ppi   D. 150 ppi

4. Photoshop 中利用渐变工具创建从黑色至白色的渐变效果，如果想使两种颜色的过渡非常平缓，下面操作有效的是（   ）。

    A. 将利用渐变工具拖动时的线条尽可能拉短

    B. 将利用渐变工具拖动时的线条绘制为斜线

    C. 将利用渐变工具拖动时的线条尽可能拉长

    D. 椭圆选择工具

5. 选择"图像"菜单下"调整"子菜单下的（   ）命令，可以将当前图像或当前层中图像的颜色与它下一层中的图像或其他图像文件中的图像相匹配。

    A. 阈值   B. 色调分离   C. 颜色匹配   D. 通道混合器

6. 选择"图像"菜单下"调整"子菜单下的（   ）命令，可以调整图像整体的色彩平衡，在彩色图像中改变颜色的混合。

    A. 图片过滤器   B. 颜色匹配   C. 色彩平衡   D. 色相/饱和度

7. Photoshop 生成的文件默认的文件格式扩展名为（   ）。

    A. GIF   B. JPEG   C. TIF   D. PSD

8. 下面选项中对色阶描述错误的是（   ）。

    A. 调整 Gamma 值可改变图像暗调的亮度值

    B. 色阶对话框中的输入色阶用于显示当前的数值

    C. 色阶对话框中的输出色阶用于显示将要输出的数值

    D. 色阶对话框中共有五个三角形滑钮

9. 下列选项中不属于套索工具的是（   ）。

    A. 矩形套索工具   B. 套索工具

    C. 多边形套索工具   D. 磁性套索工具

10. 临时切换到抓手工具的快捷键是（   ）。

    A. 【Alt】   B. 【Space】   C. 【Ctrl】   D. 【Shift】

实训十习题
参考答案

11. Photoshop 中要使所有工具的参数恢复为默认设置，可以执行的操作是（　　）。

　　A. 右击工具选项栏上的工具图标，从弹出的快捷菜单中选择"复位所有工具"命令

　　B. 选择"编辑"→"预置"→"常规"命令，在弹出的对话框中单击"复位所有工具"

　　C. 双击工具选项栏左侧的标题栏

　　D. 双击工具箱中的任何一个工具，在弹出的对话框中单击"复位所有工具"

12. 在 Photoshop 中使用仿制图章工具按住（　　）并单击可以确定取样。

　　A. 【Alt】键　　　B. 【Ctrl】键　　　C. 【Shift】键　　　D. 【Alt+Shift】组合键

13. Photoshop 中利用单行或单列选框工具选中的是（　　）。

　　A. 拖动区域中的对象　　　　　　　B. 图像行向或竖向的像素

　　C. 一行或一列像素　　　　　　　　D. 当前图层中的像素

14. Photoshop 中执行下面（　　）操作，能够最快在同一幅图像中选取不连续的不规则颜色区域。

　　A. 全选图像后，按住【Alt】键用套索减去不需要的被选区域

　　B. 使用魔棒工具单击需要选择的颜色区域，并且取消选中"连续的"复选框

　　C. 用钢笔工具进行选择

　　D. 没有合适的方法

15. Photoshop 中当使用魔棒工具选择图像时，在"容差"数值输入框中，输入的数值是下列（　　）时所选择的范围相对最大。

　　A. 5　　　　　　　B. 10　　　　　　　C. 15　　　　　　　D. 20

16. Photoshop 中按住下列（　　）键可保证椭圆选框工具绘出的是正圆形。

　　A. 【Shift】　　　B. 【Alt】　　　C. 【Ctrl】　　　D. 【Tab】

17. 在 Photoshop 中，下列（　　）不是通道的类型。

　　A. 颜色通道　　　B. 专色通道　　　C. Alpha 通道　　　D. 快速蒙版通道

18. 下面（　　）命令可提供最精确的调整。

　　A. 色阶　　　　　B. 亮度 / 对比度　　　C. 曲线　　　　　D. 色彩平衡

19. 关于 Photoshop 中背景层与新建图层的区别描述错误的是（　　）。

　　A. 在 Photoshop 中背景层与新建图层的区别

　　B. 背景层是不能移动的，新建的图层是能移动的

　　C. 背景层是不能修改的，新建的图层是能修改的

　　D. 背景始终在图层面板中最下面，只有将背景转化为普通图层后，才能改变其位置

20. 下面关于图层的描述中错误的是（　　）。

　　A. 任何一个图像图层都可以转换为背景层

　　B. 图层透明的部分是有像素的

　　C. 图层透明的部分是没有像素的

　　D. 背景层可以转化为普通的图像图层

21. 不可长期存储选区的方式是（　　）。

　　A. 通道　　　　　B. 路径　　　　　C. 图层　　　　　D. 选择 / 重新选择

22. 下列（　　）可以"用于所有图层"。

    A. 魔棒工具　　　　B. 矩形选框工具　　　C. 椭圆选框工具　　D. 套索工具

23. 单击图层面板上当前图层左边的眼睛图标，结果是（　　）。

    A. 当前图层被锁定　　　　　　　　　　B. 当前图层被隐藏

    C. 当前图层会以线条稿显示　　　　　　D. 当前图层被删除

24. 下面（　　）色彩调整命令可提供最精确的调整。

    A. 色阶　　　　　　B. 亮度 / 对比度　　　C. 曲线　　　　　　D. 色彩平衡

25. 在"色彩范围"对话框中为了调整颜色的范围，应当调整（　　）值。

    A. 颜色容差　　　　B. 消除锯齿　　　　　C. 反相　　　　　　D. 羽化

26. 当图像偏蓝时，使用变化功能应当给图像增加（　　）。

    A. 蓝色　　　　　　B. 绿色　　　　　　　C. 黄色　　　　　　D. 红色

27. 使用"色阶"命令不可以（　　）。

    A. 提高图像对比度　　　　　　　　　　B. 校正图像偏色

    C. 为图像着色　　　　　　　　　　　　D. 降低图像对比度

28. 下面属于规则选择工具的是（　　）。

    A. 矩形工具　　　　B. 套索工具　　　　　C. 快速选择工具　　D. 魔棒工具

29. 当要确认裁切范围时，需要在裁切框中双击鼠标或按（　　）键。

    A.【Enter】　　　　B.【Esc】　　　　　　C.【Tab】　　　　　D.【Ctrl +Shift】

30. 绘制圆形选区时，先选择椭圆选框工具，在按住（　　）键的同时，拖动鼠标，就可以实现圆形选区的创建。

    A.【Shift】　　　　B.【Alt】　　　　　　C.【Ctrl】　　　　　D.【Tab】

二、操作题

1. 通过 Adobe Photoshop CC 打开一张风景照片，按照以下步骤完成操作，并以文件名"怀旧照片 .psd"和"怀旧照片 .jpg"保存文档，如图 10-44 所示。

图 10-44　怀旧照片效果图

（1）打开原图，复制图层。

（2）选择"图像"菜单下"调整"菜单下"曲线"命令进行调整，设置数值 RGB：输入值为 109，输出值为 99。

（3）选择"图像"菜单下"调整"菜单下的"色相饱和度"命令，数值：0，-39，0。

（4）选择"图像"菜单下"调整"菜单下的"色彩平衡"命令，数值：0，0，-34。

（5）选择"图像"菜单下"调整"菜单下的"可选颜色"命令，中性色：0，0，-20，0。

（6）新建图层，填充 d7b26c，图层模式设为叠加，不透明度为 50%。

（7）把云彩素材拖入图中，放到原图上面，图层混合模式为柔光，把除了天空之外的部分擦除，盖印图层。

（8）选择"图像"菜单下"调整"子菜单下的"可选颜色"命令，黑色：0，0，-14，-5。

（9）新建图层，填充 0d1d50，图层混合模式设为排除，填充 80%；复制一层，填充 50%，盖印图层。

（10）进行色彩平衡调节，设置参数数值：+24，+7，-64，填充 38%；盖印图层，不透明度 46%，填充 48%。

（11）在图层上右击，选择"合并可见图层"命令。

（12）选择"滤镜"菜单下"艺术效果"子菜单下的"胶片颗粒"命令，打开"胶片颗粒"对话框，根据实际情况自行设置参数。

（13）选择"滤镜"菜单下"模糊"子菜单下的"动感模糊"命令，打开"动感模糊"对话框，根据实际情况自行设置参数。

（14）保存文件。

2. 通过 Adobe Photoshop CC 制作一版 2 寸照片（参照实训任务 1）。

实训十一

Adobe Audition CS6 音频编辑与 Adobe Premiere Pro CS4 视频制作

一、实训目的

（1）掌握 Adobe Audition CS6 声音的录制、剪辑、去噪以及添加特效的方法。

（2）掌握 Adobe Audition CS6 的多轨音频合成方法。

（3）掌握 Adobe Premiere Pro CS4 的添加特效、添加字幕、添加音频等视频编辑方法。

二、实训准备

1．Adobe Audition CS6 音频处理软件

Adobe Audition CS6 是 Adobe 公司开发的一款专业音频编辑软件。该软件功能全面、操作简单，能够完成音频混合、编辑、控制和效果处理等功能，是音频与视频领域流行的软件之一。它可以同时处理多达 128 轨的音频信号，并能同时进行实时预览和多轨音频的混缩合成，具有直观的参数调节功能和动态处理能力。

（1）Adobe Audition CS6 编辑界面。

Adobe Audition CS6 有多轨编辑器和波形编辑器两种工作模式，两种工作模式之间可以相互切换，使用工具栏中 多轨合成 按钮切换到多轨编辑器界面，使用工具栏中 波形 按钮切换到波形编辑器界面，或直接使用【F12】键进行切换。

① 多轨编辑器。多轨界面可以同时对多达 128 个音轨进行录音、编辑、合成等操作，其界面主要包括主菜单、工具栏、文件窗口、媒体浏览窗口、编辑窗口、操作历史、电平、选区 / 视图等，如图 11-1 所示。这些窗口都是可以浮动和关闭的，通过"窗口"菜单可以选择开启的窗口，如图 11-2 所示，

下面介绍使用频率比较高的几个窗口。

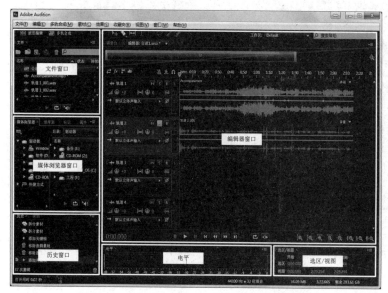

图 11-1　Adobe Audition CS6 的多轨编辑界面　　　　图 11-2　"窗口"菜单

　　"文件窗口"和"媒体浏览器窗口"是为了方便操作和管理所打开的音频文件，其中主要使用文件窗口，用于打开和显示已打开的音频文件，同时可以使用下方的控制按钮 ，进行播放、循环播放、自动播放操作。

　　"编辑窗口"是主要工作区，每个音轨用于显示已经打开的音频文件，双击某个音轨的波形也可以将该音轨切换到波形编辑界面中，而且可以通过按住鼠标左键，上下拖动将音频文件移至其他音轨中，左右拖动设置其开始播放的时间。窗口中有一条黄色竖线，指示所有音轨播放到的位置。每个音轨第一行都有三个按钮 M S R 表示不同的状态，M 代表静音状态，按下则音轨会静音；S 代表独奏状态，此时按下播放按钮，其他所有音轨静音，只播放按下 S 按钮的音轨的音频信号；R 代表录音状态，此时按下播放控制区的录音按钮，按下 R 按钮的音轨开始录 Mic 传来的声音信号，音箱或耳机同时播放其他未被静音音轨的音频信号。每个音轨第二行是音量钮，用鼠标向上拖增加音量，反之减小音量，也可以单击后边的数字，或直接输入数值来实现音量的调节。编辑窗口的最下面是播放控制按钮 和缩放控制按钮 ，播放控制按钮主要用于控制播放和录音操作，与其他播放器相同，录音键只对按下 R 按钮的音轨起作用。缩放控制按钮主要用于对所有波形的放大和缩小，包括水平放大缩小、垂直放大缩小、完整缩放等。

　　② 波形编辑器。波形编辑器即单音轨编辑器，它只对一个音频文件进行编辑，与多轨编辑器相同，通过"窗口"菜单可以选择开启的窗口，如图 11-3 所示。

　　（2）Adobe Audition CS6 菜单。

　　波形编辑器与多轨编辑器的菜单相同，如图 11-4 所示。

　　① 文件：对工程文件的基本操作，包含常用的新建、打开、存储、另存为、全部存储、关闭、导入、导出等。

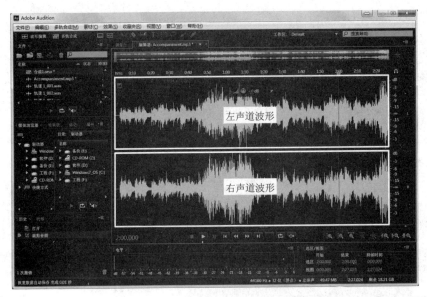

图 11-3　Adobe Audition CS6 的波形编辑界面

文件(F)　编辑(E)　多轨混音(M)　素材(C)　效果(S)　收藏夹(R)　视图(V)　窗口(W)　帮助(H)

图 11-4　Adobe Audition CS6 的菜单

② 编辑：基本的音频编辑命令，包含了一些常用的复制、复制为新文件、粘贴、混合式粘贴、撤销、编辑声道、删除、裁剪、选择等命令。

③ 多轨混音：多轨编辑器下的混音操作，包含了轨道、插入文件、缩混为新文件、内部混缩到新建轨道等。

④ 素材：针对素材的基本操作，包含编辑源文件、拆分、重命名、素材增益、淡入、静音、淡出、重命名、锁定时间等。

⑤ 效果：音频的特殊效果编辑，包含振幅与压限、延迟与回声、滤波与均衡、降噪／恢复、混响等。

⑥ 收藏夹：记录一个或多个在波形编辑器中的操作，方便以后使用，包含开始记录收藏效果（停止记录收藏效果）、删除收藏效果。

⑦ 视图：常用的模式切换，包括多轨编辑器、波形编辑器、放大（时间）、缩小（时间）、频谱显示等。

⑧ 窗口：用于控制窗口的显示，可以选取要显示的窗口，参见图 11-2。

（3）Adobe Audition CS6 工具栏。

Adobe Audition CS6 工具栏实际是工具窗口，包含波形编辑器、多轨编辑器、频谱频率显示、Show Spectral Pitch Display、移动工具、选择素材剃刀工具、滑动工具、时间选区工具等，如图 11-5 所示。

图 11-5　Adobe Audition CS6 工具栏

（4）Adobe Audition CS6 支持的导入与导出格式。

① 导入格式。Adobe Audition CS6 可以打开以下格式的音频文件：

AAC（包括 HE-AAC）、AIF、AIFF、AIFC（包括最多具有 32 个声道的文件）、AC-3、APE、AU、AVR、BWF、CAF（所有未压缩和大多数压缩的版本）、HTK、MPC、MP2、MP3（包括 MP3 环绕声文件）、OGA、OGG、RAW、SF、SND、VOC、VOX、W64、WAV（包括最多具有 32 个声道的文件）等大多数常见音频格式。

WAV 格式和 AIFF 格式有多种不同的变型，Adobe Audition CS6 可以打开所有未压缩的 WAV 文件、AIFF 文件和大多数常见的压缩版本。

② 导出格式。Adobe Audition CS6 可以导出：AIFF、AIFC、AIF、APE、AU、WAV、BWF、MP2、MP3、SF、VOC 等大多数音频格式。

2．Adobe Premiere Pro CS4 视频处理软件

Adobe Premiere Pro CS4 是一款常用的视频编辑软件，它提供了采集、剪辑、调色、美化音频、字幕添加、输出、DVD 刻录等视频处理功能。

（1）Adobe Premiere Pro CS4 编辑界面。

Adobe Premiere Pro CS4 默认的编辑界面如图 11-6 所示，由三个窗口（项目窗口、监视器窗口、时间线窗口）、多个控制面板（媒体浏览、信息面板、历史面板、效果面板等）以及主音频、工具箱和菜单组成。

图 11-6　Adobe Premiere Pro CS4 的工作界面

"监视器"分为"素材源监视器"和"节目监视器"，"素材源监视器"用来观看和裁剪原始素材，可以设置入点、出点、持续时间等操作；"节目监视器"用来观看时间线上的素材，也可预览最终输出的视频。

"项目窗口"主要用来导入、组织和存储所需的原始素材，分为预览区、素材区和工具条三个功能区。单击某一导入的素材就可以在上方的预览窗口显示缩略图和相关文字信息，素材区用于显示导入的所有素材，在空白区右击，可以进行粘贴、新建文件夹、新建分类、导入、查找等操作，工具条提供常用功能按钮。

"效果面板"主要用来为音频、视频添加特效和切换效果，可以为时间线窗口中的各种素材片段添加特效。

"工具箱"用于显示各种在时间线面板中编辑所需要的工具，在选中一个工具之后，光标将会变成此工具的形状。

"时间线窗口"是视频编辑处理的主要工作区，根据设计的需要，使用各种工具将素材片段按照时间的先后顺序在时间线上从左到右进行有序的排列，还可以实现对素材的剪辑、插入、复制、粘贴和修整等操作。

（2）Adobe Premiere Pro CS4 菜单。

Adobe Premiere Pro CS4 菜单如图 11-7 所示，具体功能如下：

文件(F)　编辑(E)　项目(P)　素材(C)　序列(S)　标记(M)　字幕(T)　窗口(W)　帮助(H)

图 11-7　Adobe Premiere Pro CS4 菜单

① 文件：对工程文件的基本操作，包含常用的新建、打开项目、关闭项目、保存、另存为、导入、导出等。

② 编辑：基本编辑命令和系统的工作参数设置命令，包含了一些常用的复制、粘贴、粘贴插入、删除、粘贴属性、参数等命令。

③ 项目：主要管理项目及项目窗口的素材，包含项目设置、项目管理、移除未使用素材，导入批处理列表、导出批处理列表等。

④ 素材：对时间线窗口中的素材进行编辑和处理，包含重命名、制作附加素材、编辑附加素材、插入、覆盖、速度 / 持续时间等。

⑤ 序列：与时间线窗口有关的管理命令，包含序列设置、提升、应用视频切换效果、渲染工作区内的效果、添加轨道、删除轨道等。

⑥ 标记：对素材和序列进行标记设定、清除和定位等，包含设置素材标记、设置序列标记、跳转素材标记、清除素材编辑等。

⑦ 字幕：对字幕文件的编辑处理，包含新建字幕、字体、大小等。

⑧ 窗口：管理窗口和面板的显示，可以选取哪些窗口显示，包含编辑、效果组、文件、历史、相位表、工具等。

（3）Adobe Premiere Pro CS4 视频编辑制作流程。

视频的制作流程一般包括创建项目文件、采集素材、素材导入、编辑素材、视频切换、添加特效、音频调整、添加字幕、视频输出等。

（4）Adobe Premiere Pro CS4 支持的导入与导出格式。

① 导入格式。

Adobe Premiere CS4 支持的静态图片的格式主要包括 JPEG、PSD、BMP、GIF、TIFF、EPS、PCX 和 AI 等。

Adobe Premiere CS4 支持的视频格式主要包括 AVI、MPEG、MOV、DV-AVI、WMA、WMV 和 ASF 等。

Adobe Premiere CS4 支持的动画和序列图片格式主要包括 AI、PSD、GIF、FLI、FLC、TIP、TGA、FLM、BMP、PIC 等。

Adobe Premiere CS4 支持的音频文件格式主要包括 MP3、WAV、AIF、SDI 和 Quick Time 等。

② 导出格式。Adobe Premiere CS4 可以导出 AAC、AIFF、Animated GIF、AVI、BMP、DPX、F4V、FLV、GIF、JPEG、MP3、MPEG2、MPEG4、PNG、TIFF 等音频、视频格式。

三、实训内容

1. 使用 Adobe Audition CS6 录制声音（主题不限），对录制的声音进行降噪处理。给录音添加伴奏，并保存音频文件。

2. 使用 Adobe Premiere Pro CS4 制作题为《我的大学》的电子相册，添加视频切换效果、片头片尾视频、视频转场效果、字幕效果、背景音乐等，并保存视频文件。

四、实训要求

1. 音频录制及处理

（1）设置计算机扬声器参数，保证声音能够正常录入。

（2）创建音频工程，设置 Adobe Audition CS6 采样频率，使计算机能够与音频处理软件相匹配。

（3）为了去除自然环境噪声，需单独录制环境噪声。

（4）录制声音（朗诵或音乐）。

（5）在录制自然环境噪声的基础上，去除录制声音的噪声。

（6）插入伴奏音频，需要至少两个，并对其进行裁剪。

（7）为伴奏音频添加特效。

（8）试听效果并进行调节。

（9）合并录音和伴奏，导出音频文件。

2. 视频处理及制作

（1）准备素材，包括图片、视频、音频，用于制作电子相册的图片不少于 10 张。

（2）创建视频工程。

（3）导入图片、视频和音频素材，为了便于管理，采用文件夹存放相关素材。

（4）设置导入图片、视频首选参数。

（5）裁剪片头、片尾视频。

（6）新建字幕并设置属性，字幕包括短片基本信息以及学生班级、姓名、学号等。

（7）设置滚动字幕，体会不同类型的字幕形式。

（8）在时间线窗口组装视频材料，合理安排素材位置。

（9）在视频和图片之间添加视频切换效果。

（10）在图片或视频上添加视频特效。

（11）添加背景音频文件，对音频文件进行裁剪，添加音频特效。

（12）导出并保存视频文件。

五、实训步骤

1．音频录制及处理

（1）扬声器参数设置。为了能够正常录音，首先插入计算机音频输入/输出设备（即麦克风、扬声器），调试设备；然后设置设备采样频率，使其能够与音频处理软件相匹配。打开计算机控制面板，选择"硬件和声音"菜单下的"声音"命令，打开"声音"对话框，如图 11-8 所示。右击"扬声器"，选择"属性"命令，在打开的对话框中选择"高级"选项卡，将扬声器采样频率和位深度改为"16 位，44100 Hz（CD 音质）"，如图 11-9 所示。

图 11-8　"声音"对话框

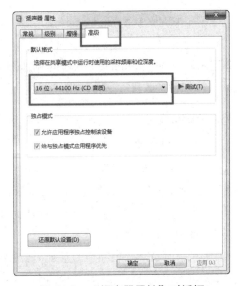

图 11-9　"扬声器属性"对话框

（2）创建音频工程。启动 Adobe Audition CS6，新建多轨混音项目，执行"文件"菜单下"新建"子菜单下的"多轨合成项目"命令，打开图 11-10 所示对话框，选择采样率为 44100 Hz，位深度为 16 位，主控为"单声道"。

（3）在音轨 1 中录制环境噪声。在后期录制声音时，其周围存在的自然环境声音即为噪声。为了去除录音中的噪声，需提前录制环境噪声。单击音轨 1 前的 R 按钮，然后单击录音键■，开时录制自然环境声音，录一段 15 秒左右的自然环境噪声，然后单击停止键■停止录音，最后单击音轨 1 前 R 停止录音。

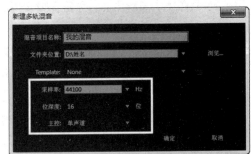

图 11-10　"新建多轨混音"对话框

（4）在音轨 2 中录制声音。单击音轨 2 前的 R 按钮，然后单击录音键，记录朗诵或歌曲声音，然后单击停止键■停止录音，将音轨 2 前 R 按钮取消。

（5）对音轨 2 中的声音进行降噪处理。降噪的原理是利用音轨 1 中噪声样本完成对音轨 2 中声音的降噪。双击音轨 1 进入波形编辑界面，双击波形，全部选中波形（或鼠标拖动选中部分波形），选择"效果"菜单下"降噪/修复"菜单下的"采集噪声样本"命令，最后单击■■■多轨合成回到多轨编辑界面。再双击音轨 2 进入波形编辑界面，然后选择"效果"菜单下"降噪 / 恢复"子菜单下的"降噪（破坏性处理）"命令，打开图 11-11 所示对话框，单击对话框中的"选择整个文件"，单击"应用"按钮，完成降噪，最后单击 <kbd>多轨合成</kbd> 回到多轨编辑界面，右击音轨 1 波形，在弹出的快捷菜单中选择"删除"命令，将音轨 1 的噪声波形删除。

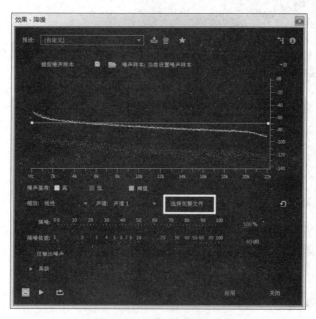

图 11-11 "效果 - 降噪"对话框

（6）插入并裁剪伴奏音频。右击音轨 1 中空白部分，选择"插入"菜单下的"文件"命令，插入伴奏音频。将黄线光标移动至音轨 2 的声音文件最后，双击音轨 1 进入波形编辑界面，鼠标拖动选中黄色光标前面的波形，右击，选择"裁剪"命令，如图 11-12 所示，将选中的波形裁剪出，单击 <kbd>多轨合成</kbd> 回到多轨编辑界面，保证黄线光标位于声音文件最后，右击音轨 1，在弹出的快捷菜单中选择"拆分"命令，如图 11-13 所示，将音频拆分开，删除多余音频部分。

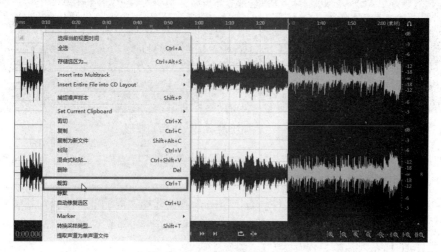

图 11-12 选择"裁剪"命令

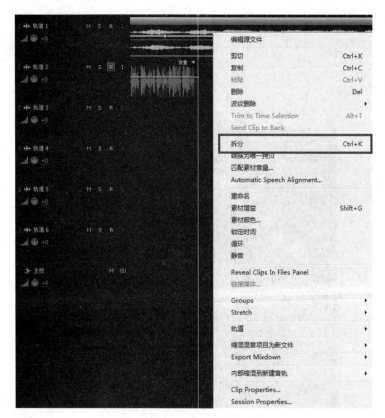

图 11-13　选择"拆分"命令

（7）对伴奏音频添加特效。单击选中音轨 1，选择"素材"菜单下的"淡入"命令，然后再选择"素材"菜单下的"淡出"命令，为背景音乐添加淡入淡出效果，如图 11-14 所示。

图 11-14　添加淡入淡出效果后的波形

（8）试听效果并调节音量。单击编辑窗口的播放按钮▶试听效果，通过音轨 1 下的音量调节按钮调节音量大小，如图 11-15 所示。

（9）合并录音和伴奏，保存音频文件。右击空白音轨，选择"混缩混音项目为新文件"菜单下的"完整混音"命令，混缩后的波形进入波形编辑界面，选择"文件"菜单下"导出"子菜单下的"文件"命令，打开图 11-16 所示对话框，保存为"D:\ 姓名 \ 学号 .wav"。

图 11-15　调整音轨音量

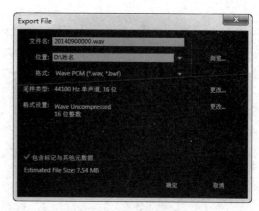

图 11-16　导出对话框

2. 视频处理及制作

（1）准备素材。准备至少 10 幅相关图片、片头和片尾两段视频、背景音乐。

（2）创建视频工程。启动 Adobe Premiere Pro CS4，打开欢迎对话框，如图 11-17 所示，单击"新建项目"，打开"新建项目"对话框，如图 11-18 所示，将保存位置改为"D:\姓名"，名称为"我的大学"，单击"确定"按钮，弹出"新建序列"对话框，如图 11-19 所示，将序列名称改为"我的大学"。

图 11-17　欢迎对话框

图 11-18　"新建项目"对话框

（3）导入图片、视频和音频素材。选择"文件"菜单下的"导入"命令，将所需素材导入到项目中。在"项目窗口"中空白位置右击，选择"新建文件夹"命令，将新建的文件夹命名为"图片素材"，将所有图片素材拖入"图片素材"文件夹中，如图 11-20 所示。

（4）设置导入图片、视频首选参数。导入图片默认播放时间为 5 秒，修改单幅图片播放时间为 3 秒。执行"编辑"菜单下"参数"子菜单下的"常规"命令，打开图 11-21 所示对话框。设置"视频切换默认持续时间"为 25 帧（即 1 秒），"静帧图像默认持续时间"为 75 帧（即 3 秒）。

图 11-19　"新建序列"对话框

图 11-20　导入素材后的项目窗口

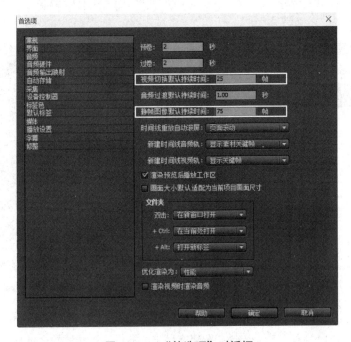

图 11-21　"首选项"对话框

（5）裁剪片头、片尾视频。双击"项目窗口"下的片头视频素材，素材源监视器中显示当前播放视频。对视频素材进行裁剪，如图 11-22 所示，单击"播放"按钮，当视频播放到需要位置时，单击"标记入点"，单击"播放"按钮，继续播放，当播放到合适的结束位置时，单击"标记出点"，入点和出点之间就是所需视频内容，按住鼠标左键将片头视频文件拖动到时间线窗口的"视频 1"轨道中。可以通过选择"逐帧进""逐帧退"精确设置入点、出点位置。同理，对片尾视频文件进行编辑和拖动。

图 11-22　素材源监视器中的片头视频

（6）新建字幕并设置属性。在"项目窗口"的空白处右击，选择"新建分类"菜单下的"字幕"命令，打开图 11-23 所示对话框，名称设置为"字幕 01"，单击"确定"按钮。设置字幕属性：打开字幕窗口，如图 11-24 所示，在窗口左侧的工具箱中选择 T 工具，在字幕编辑区的合适位置输入"我的大学"、学号、班级、姓名等相关信息，设置字幕字体、颜色、间距、样式、位置等。

图 11-23　"新建字幕"对话框

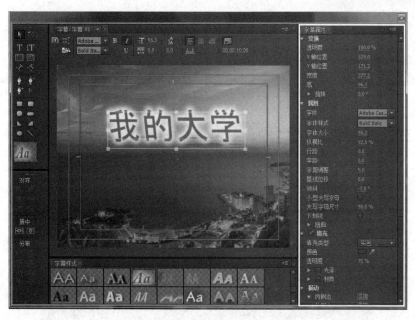

图 11-24　字幕窗口

（7）设置滚动字幕。设置字幕从下向上滚动播放，选择字幕窗口上方的"滚动 / 游动选项"按钮，打开图 11-25 所示对话框，设置"字幕类型"为"滚动"，选中"开始于屏幕外"和"结束于屏幕外"

复选框，单击"确定"按钮。图 11-26 为滚动字幕的效果显示。

（8）在时间线窗口组装视频材料。添加字幕到时间线窗口中。将"字幕 01"拖至"时间线窗口"中的视频 2 轨道中合适的位置（即字幕出现的位置）。在"节目监视器"窗口查看滚动字幕播放效果，添加电子相册图片到时间线窗口中。将"图片素材"拖至"时间线窗口"中的"视频 1"轨道的"片头视频"之后，再将片尾文件拖至最后。

图 11-25　"滚动 / 游动选项"对话框

图 11-26　滚动字幕效果

（9）在视频和图片之间添加视频切换效果。在"效果面板"中，选择"效果"命令，选择"视频切换"菜单下"3D 运动"子菜单下的"帘式"命令，如图 11-27 所示，将其拖至"时间线窗口"的"视频 1"轨道片头视频和图片 1 之间。在"节目监视器"窗口中查看特效显示效果。同理，在其他图片之间添加不同切换特效。

图 11-27　效果面板视频切换

（10）在图片或视频上添加视频特效。选择"效果"面板中的"视频特效"菜单下"扭曲"菜单下的"弯曲"命令，拖动到"时间线窗口"中的指定图片上并单击。在"素材源监视器"中选择"特效控制台"，按图 11-28 所示设置弯曲特效的相关参数，修改图片水平方向和垂直方向的弯曲强度、宽度和速率。图 11-29 为"节目监视器"窗口弯曲效果图。

图 11-28　特效控制台弯曲参数设置

图 11-29　弯曲效果图

（11）添加背景音频文件。将"项目窗口"中的音频文件拖至"时间线窗口"中的"音频 1"轨道，选择"工具箱"中的"剃刀工具" 🔪，将音频多余部分裁开，再选择"选择工具" 🗕 选中多余部分，按【Delete】键，将多余音频部分删除。

（12）导出并保存视频文件。选择"文件"菜单下"导出"子菜单下的"媒体"命令，设置导出格式为 H.264，该格式导出的视频文件为 .mp4 文件，如图 11-30 所示。

通过此实训，应掌握声音的录制和去噪方法，以及视频特效、切换效果添加和编辑、字幕的添加和编辑等。

图 11-30　　"导出设置"对话框

六、实训延伸

音频和视频处理软件还有很多，下面介绍几种常用的音频视频处理软件，请读者尝试不同软件，体会不同软件处理的优缺点。

1．会声会影

会声会影是加拿大 Corel 公司制作的一款功能强大的视频编辑软件，具有视频捕获、剪接、转场、覆叠、字幕、配乐、刻录等功能，并提供有超过 100 多种的编制功能与效果，可导出多种常见的视频格式，也可以直接制作成 DVD 和 VCD 光盘。

2．Adobe After Effects

Adobe After Effects 简称 AE，是 Adobe 公司推出的一款图形视频处理软件，适用于从事设计和视频特技的机构，包括电视台、动画制作公司、个人后期制作工作室以及多媒体工作室。它涵盖了影视特效制作中常见的文字特效、粒子特效、光效、仿真特效、调色技法以及高级特效等，是专业的影视后期处理工具。

3．爱剪辑

爱剪辑是最易用、强大的视频剪辑软件，也是国内首款全能的免费视频剪辑软件，它是根据中国人的使用习惯、功能需求与审美特点进行设计的，适合新手使用，对计算机的配置也要求不高。

4．Adobe Premiere Pro CS6

与 Adobe Premiere Pro CS4 相比，Adobe Premiere Pro CS6 采用了全新的 64 位技术，在加快工作效率的同时保持了 Adobe Encore CS6 的稳定性，改进了可定制的用户界面，使得查看、排序、安排媒体都更加容易，去繁从简，推崇简约设计。

实训十一习题
参考答案

【习题】

一、选择题

1．在 Audition 的工作视图中，编辑视图主要针对的工作是（　　）。

　　A．合成编辑　　　　B．刻录编辑　　　　C．单轨编辑　　　　D．多轨编辑

2. 以下音频格式中，无损格式是（　　　）。

　　A. MP3　　　　　　B. MIDI　　　　　　C. WMA　　　　　　D. WAV

3. Audition 中让音乐产生渐渐消失效果的操作为（　　　）。

　　A. 回声　　　　　　B. 淡出　　　　　　C. 失真　　　　　　D. 淡入

4. 以下使用 Audition 进行"现场噪声采集"的描述中，不正确的是（　　　）。

　　A. 最好在录音之前　　　　　　　　B. 主要是为了进行音频降噪处理

　　C. 主要是为了进行音频噪声测试　　D. 主要是为了在录音之前采集噪声样本

5. Audition 是一个多轨数字音频软件，最多支持（　　　）条音轨处理。

　　A. 128　　　　　　B. 64　　　　　　C. 24　　　　　　D. 6

6. 下列文件可以使用 Audition 软件创建生成的是（　　　）。

　　A. .avi　　　　　　B. .bmp　　　　　　C. .mp3　　　　　　D. .txt

7. Audition 支持的最高音频精度级别是（　　　）。

　　A. 8 位　　　　　　B. 16 位　　　　　　C. 32 位　　　　　　D. 64 位

8. 以下（　　　）不属于 Audition 软件可以实现的功能。

　　A. 音频剪辑　　　　B. 音频去噪　　　　C. 音频采集　　　　D. 音频共享

9. CD 音频文件的标准采样率是（　　　）。

　　A. 48 000 Hz　　　B. 44 100 Hz　　　C. 16 000 Hz　　　D. 32 000 Hz

10. 新建音频文件时，Audition 提供了（　　　）种"位深度"选择方式。

　　A. 1　　　　　　　B. 2　　　　　　　C. 3　　　　　　　D. 4

11. 下列选项中，Audition 不能导入的音频格式是（　　　）。

　　A. MP3　　　　　　B. AVR　　　　　　C. WAV　　　　　　D. JPEG

12. 新建音频文件，为了更好地适用于便携式音乐播放器，应选择（　　　）声道。

　　A. 立体声　　　　　B. 单声道　　　　　C. 5.1　　　　　　D. 不确定

13. （　　　）位的"位深度"是大多数音响工程师的首选。

　　A. 16　　　　　　　B. 24　　　　　　　C. 32　　　　　　　D. 8

14. 采样率的作用是（　　　）。

　　A. 确定频率范围　　　　　　　　B. 确定振幅范围

　　C. 确定音频质量　　　　　　　　D. 以上说法皆不正确

15. 以下（　　　）是用于纯音频信息处理的工具软件。

　　A. 3ds Max　　　　B. Audition　　　　C. Director　　　　D. Photoshop

16. 在两个素材衔接处加入切换效果，两个素材（　　　）。

　　A. 应分别放在上下相邻的两个视频轨道上

　　B. 在同一轨道上

　　C. 可以放在任何视频轨道上

　　D. 可以放在用户音频轨道上

17. 视频编辑中，最小的单位是（　　　）。

　　A. 小时　　　　　　B. 分钟　　　　　　C. 秒　　　　　　　D. 帧

18. 帧是构成视频的最小单位，以下关于帧的说法正确的是（   ）。

    A. 23 帧 / 秒   B. 25 帧 / 秒   C. 29.97 帧 / 秒   D. 30 帧 / 秒

19. Premiere 中存放素材的窗口是（   ）。

    A. 项目窗口   B. 监视器窗口   C. 时间线窗口   D. 媒体浏览器窗口

20. 如果让字幕从屏幕外开始向上飞滚，应该设置（   ）参数。

    A. 开始于屏幕外   B. 结束于屏幕外   C. 斜升   D. 斜降

21. Premiere 用（   ）表示音量。

    A. 分贝   B. 赫兹   C. 毫伏   D. 安培

22. 在 Premiere 中，可以选择单个轨道上某个特定时间之后的所有素材或部分素材的工具是（   ）。

    A. 选择工具   B. 滑行工具   C. 轨道选择工具   D. 滚动编辑工具

23. 在 Premiere 中，下面（   ）选项不是导入素材的方法。

    A. 选择"文件"菜单下的"导入"命令或直接按【Ctrl+I】组合键

    B. 在项目窗口中的任意空白位置右击，在弹出的快捷菜单中选择"导入"命令

    C. 直接在项目窗口中的空白处双击

    D. 在媒体浏览器中打开素材

24. Premiere 中粘贴素材是以（   ）定位的。

    A. 选择工具的位置   B. 编辑线

    C. 入点   D. 手形工具

25. Premiere 中不能完成（   ）。

    A. 滚动字幕   B. 文字字幕   C. 三维字幕   D. 图像字幕

26. Premiere 中窗口是导入素材的通道，它可以导入多种素材类型，以下（   ）不能导入。

    A. 音频文件   B. 视频文件   C. 图片文件   D. 文本文件

27. Premiere 中用（   ）可以对素材进行切割。

    A. 选择工具   B. 剃刀工具   C. 手形工具   D. 滑动工具

28. Premiere 中节目监视器的作用是（   ）。

    A. 可以预演节目内容

    B. 用两点编辑来编辑已经添加到时间线中的素材

    C. 对添加到时间线中的素材进行扩展编辑

    D. 对添加到时间线中的素材进行异步编辑

29. 下列视频中质量最好的是（   ）。

    A. 240×180 分辨率、24 位真彩色、14 帧 / 秒的帧率

    B. 320×240 分辨率、30 位真彩色、25 帧 / 秒的帧率

    C. 320×240 分辨率、30 位真彩色、30 帧 / 秒的帧率

    D. 640×480 分辨率、16 位真彩色、15 帧 / 秒的帧率

30. 向 Premiere 中引入视频文件，视频切换系统默认的持续时间是（   ）。

    A. 15 帧   B. 25 帧   C. 30 秒   D. 15 秒

31. Premiere 中时间线窗口中，向右的方向键每按一次，可以使得编辑线向右移动（   ）。

　　A．一秒的画面　　　　　　　　　　B．一帧的画面

　　C．一个素材片段　　　　　　　　　D．五帧的画面

32．向 Premiere 导入素材时，不支持以下（　　）格式的文件。

　　A．BMP　　　　　B．AVI　　　　　　C．MP3　　　　　　D．DOC

33．从 Premiere 导出视频文件时，不支持以下（　　）格式的文件。

　　A．AVI　　　　　B．MP3　　　　　　C．FLV　　　　　　D．TXT

二、操作题

1．利用音频文件制作音频伴奏。按照以下操作去除音频文件中人声声道，获得伴奏音频。

（1）准备常见音乐文件（人声、伴奏）。启动 Adobe Audition CS6 软件，建立多轨合成项目。在音轨1中插入音频文件，选择"效果"菜单下"立体声声像"子菜单下的"提取中置声道"命令，打开"中置声道提取"对话框。

（2）在"预设"下拉列表中，选择"移除人声"选项，即可完成对音频文件中人声的消除，还可修改相位角度、声相、延迟等参数，提高移除人声的质量。同理，可尝试"卡拉 OK""无伴奏和声"等操作。

（3）在"效果架"窗口中，单击 ⏻ "中置声道提取"按钮，该按钮变为绿色则该特效已添加。单击"编辑"窗口中的 ▌▶ ◀ ◀◀ ▶▶ ▶▌ ↻ ◇ 按钮，即可播放处理后音频效果。

2．利用视频素材制作画中画效果。按照以下操作完成画中画操作，制作效果如图 11-31 所示。

图 11-31　画中画效果

（1）启动 Adobe Premiere Pro CS4，新建视频工程文件，选择"文件"菜单下"导入"的命令，导入视频素材。

（2）将视频素材添加到"时间线窗口"的视频 1 轨道中，选择"工具箱"中的"剃刀工具"✎，将视频裁剪成两部分。

（3）将其中一部分拖动到"时间线窗口"的视频 2 轨道中。右击并选择"解除视音链接"命令，删除音频部分。

（4）双击视频进行画中画大小调节。单击"特效控制台"，选择"视频效果"菜单下"运动"子菜单下的"缩放"命令，设置缩放大小为 50。在"节目监视器"中观察画中画效果。

（5）导出并保存视频文件。选择"文件"菜单下"导出"子菜单下的"媒体"命令，设置导出格式为 H.264，该格式导出的视频文件为 .mp4 文件。

实训十二
计算机网络基础应用

一、实训目的

（1）掌握常用网络命令。

（2）掌握局域网配置方法。

（3）掌握同一局域网内文件共享的方法。

二、实训准备

1. 计算机网络基础知识

（1）网络协议。

网络协议是为计算机网络中进行数据交换而建立的规则、标准或者说是约定的集合。因为不同用户的数据终端可能采取的字符集是不同的，两者需要进行通信，必须要在一定的标准上进行。例如，互相不懂对方语言的法国人和德国人无法直接交流，他们可以约定共同使用英语交流，此时英语即起"协议"作用。

网络协议是由三个要素组成：

- 语义：语义是解释控制信息每个部分的意义。它规定了需要发出何种控制信息，以及完成的动作与做出什么样的响应。
- 语法：语法是用户数据与控制信息的结构与格式，以及数据出现的顺序。
- 时序：时序是对事件发生顺序的详细说明（也可称为"同步"）。

人们形象地把这三个要素描述为：语义表示要做什么，语法表示要怎么做，时序表示做的顺序。目前互联网上主要使用 TCP/IP 协议，使用 TCP/IP 协议的局域网称为以太网。

（2）IP 地址和端口。

IP 是英文 Internet Protocol 的缩写，意为"网络之间互连的协议"，即为计算机网络互连通信而设计的协议。在因特网中，它是能使连接到网上的所有计算机网络实现相互通信的一套规则，规定了计算机在因特网上进行通信时应当遵守的规则。任何厂家生产的计算机系统，只要遵守 IP 协议就可以与因特网互联互通。正是因为有了 IP 协议，因特网才得以迅速发展成为世界上最大的、开放的计算机通信网络。IP 地址分为 IPv4 与 IPv6 两大类。IPv6 地址为互联网发展大势所趋，但普及仍需时日，故本实训以 IPv4 为例。

IP 地址分类及编址方式详见实训延伸。

计算机"端口"是英文 port 的意译，可以认为是计算机与外界通信交流的出口。其中硬件领域的端口称为接口，如 USB 端口、串行端口等。软件领域的端口一般指网络中面向连接服务和无连接服务的通信协议端口，是一种抽象的软件结构。

常用的保留 TCP 端口号有 HTTP 80、HTTPS 443、FTP 20/21、Telnet 23、SMTP 25、DNS 53 等。

常用的保留 UDP 端口号有 DNS 53、BootP 67（server）/ 68（client）、TFTP 69、SNMP 161 等。

（3）域名和域名系统。

域名（Domain Name）是由一串用"."分隔的名字组成的 Internet 上某一台计算机或计算机组的名称，如山西农业大学网站域名为 www.sxau.edu.cn，用于在数据传输时标识计算机的电子方位（有时也指地理位置）。

域名系统（Domain Name System，DNS，有时也简称域名）是因特网的一项核心服务，它作为可以将域名和 IP 地址相互映射的一个分布式数据库，能够使人更方便地访问互联网，而不用去记住能够被机器直接读取的 IP 地址数串。

例如，www.sxau.edu.cn 是一个域名，和 IP 地址 211.82.8.2 相对应。DNS 就像是一个自动的电话号码簿，可以直接拨打 sxau 的名字来代替电话号码（IP 地址）。直接调用网站的名字以后，DNS 就会将便于人类使用的名字（如 www.sxau.edu.cn）转化成便于机器识别的 IP 地址（如 211.82.8.2）。域名与 IP 并非一一映射关系，很多商业网站为使不同地域的用户访问体验更佳，往往部署多个镜像服务器，一个域名对应若干 IP 地址，用户使用的当地子 DNS 服务器可解析出延迟最低的 IP。

（4）物理地址。

物理地址又称 MAC 地址，具有全球唯一性。在网络底层的物理传输过程中，是通过物理地址来识别主机的，它一般也是全球唯一的。如以太网卡，其物理地址大小是 48 bit（比特位），前 24 位是厂商编号，后 24 位为网卡编号，如 44-45-53-54-00-00，以机器可读的方式存入主机接口中。以太网地址管理机构（IEEE）将以太网地址，也就是 48 bit 的不同组合，分为若干独立的连续地址组，生产以太网网卡的厂家就购买其中一组，具体生产时，逐个将唯一地址赋予以太网卡。

2. Windows 命令提示符

在 Windows 2000 之后的版本中，命令行程序为 cmd.exe，是一个 32 位的命令行程序，微软 Windows 系统基于 Windows 上的命令解释程序，类似于微软的 DOS 操作系统。输入一些命令，cmd.exe 可以执行。打开方法：单击"开始"按钮，单击"运行"命令或按【 +R】键，输入 cmd，按【Enter】。它也可以执行批处理 BAT 文件。

3. 常用网络命令

（1）netstat 命令。

netstat 命令用于显示与 ip、tcp、udp 和 icmp 协议相关的统计数据，一般用于检验本机各端口的网络连接情况。

（2）ping 命令。

ping 命令主要用于确定网络的连通性，以及网络连接的状况。通过 ping 命令可排除网络访问层、Adaptor（网卡）、Modem（调制解调器）的 I/O 线路、电缆和路由器等存在的故障，从而缩小故障范围。

命令格式：

```
ping    域名（如 www.baidu.com, www.sxau.edu.cn 等）
ping    目标 IP 地址（如 211.82.8.5）
```

ping 命令的常用参数选项如下：

ping IP -t：连续对目标 IP 地址执行 ping 命令，直到被用户按【Ctrl+C】组合键中断。

ping IP -l 500：指定 ping 命令中的特定数据长度（此处为 500 字节），而不是默认的 32 字节。

ping IP -n 10：执行特定次数（此处为 10）的 ping 命令。

（3）ipconfig 命令。

ipconfig 命令可用于显示当前的 TCP/IP 配置的设置值。这些信息一般用来检验人工配置的 TCP/IP 设置是否正确。

ipconfig 常用的参数选项如下：

ipconfig：当使用不带任何参数选项 ipconfig 命令时，显示每个已经配置了的接口的 IP 地址、子网掩码和默认网关值。

ipconfig /all：当使用 all 选项时，ipconfig 能为 DNS 和 WINS 服务器显示它已配置且所有使用的附加信息，并且能够显示内置于本地网卡中的物理地址（MAC）。如果 IP 地址是从 DHCP 服务器租用的，ipconfig 还将显示 DHCP 服务器分配的 IP 地址和租用地址预计失效时间。

ipconfig /release 和 ipconfig /renew：这两个参数只能在向 DHCP 服务器租用 IP 地址的计算机使用。如用户输入 ipconfig /release，那么所有接口的租用的 IP 地址将释放并交还给 DHCP 服务器（归还 IP 地址）。如用户输入 ipconfig /renew，则本地计算机将与 DHCP 服务器取得联系，并租用一个 IP 地址。

（4）nslookup 命令。

nslookup 命令用于查询任何一台机器的 IP 地址和其对应的域名。它通常需要一台域名服务器来提供域名。如果用户已经设置好域名服务器，就可以用这个命令查看不同主机的 IP 地址对应的域名。

☕ **注意：**

cmd 命令不区分大小写，但参数有大小写之分。

4. 网络层次划分

为使不同计算机系统的计算机能够相互通信，以便在更大的范围内建立计算机网络，国际标准化组织（ISO）在 1978 年提出了"开放系统互连参考模型"，即 OSI/RM 模型（Open System Interconnection/Reference Model）。它将计算机网络体系结构的通信协议划分为七层，自下而上依次为物理层（Physics Layer）、数据链路层（Data Link Layer）、网络层（Network Layer）、传输层（Transport Layer）、会话层（Session Layer）、表示层（Presentation Layer）、应用层（Application Layer）。其中第四层完成数据传送服务，上面三层面向用户。

除了标准的 OSI 七层模型以外，常见的网络层次划分还有 TCP/IP 四层协议以及 TCP/IP 五层协议，它们之间的对应关系如图 12-1 所示。

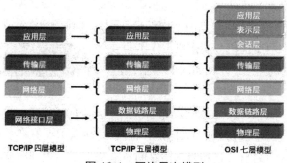

图 12-1 网络层次模型

5. 常用的网络设备

（1）光猫。

光猫又称光调制解调器（Modem），也称为单端口光端机。光纤通信因其频带宽、容量大等优点而迅速发展成为当今信息传输的主要形式，要实现光通信就必须进行光的调制解调。基带调制解调器由发送、接收、控制、接口、操纵面板及电源等部分组成。数据终端设备以二进制串行信号形式提供发送的数据，光调制解调器是一种类似于基带调制解调器的设备，和基带调制解调器不同的是接入的是光纤专线，是光信号。随着人们对网络带宽不断增长的需求及光纤通信成本的不断降低，光纤到户已经基本普及，家用光猫通常集成路由器功能，外观通常如图 12-2 所示，属 OSI 网络层设备。

（2）路由器。

路由器（Router）是连接两个或多个网络的硬件设备，在 OSI/RM 中完成的网络层中继以及第三层中继任务，对不同的网络之间的数据包进行存储、分组转发处理。数据在一个子网中传输到另一个子网中，可以通过路由器的路由功能进行处理。在网络通信中，路由器具有判断网络地址以及选择 IP 路径的作用，可以在多个网络环境中，构建灵活的链接系统，通过不同的数据分组以及介质访问方式对各个子网进行链接。简而言之，跨网数据传输需要用到路由器，在网络间起网关的作用。路由器网络侧通常使用 RJ-45 双绞线连接，用户侧可使用无线传输，即俗称的无线路由器，外观如图 12-3 所示。

图 12-2 家用光猫

图 12-3 路由器

（3）交换机。

交换机（Switch）是一种用于电（光）信号转发的网络设备。它可以为接入交换机的任意两个网络节点提供独享的电信号通路。这个产品是由原集线器的升级换代而来，在外观上看和集线器没有太大区别。交换机内部的 CPU 会在每个端口成功连接时，通过将 MAC 地址和端口对应，形成一张 MAC 表。交换机通过观察每个端口的数据帧获得源 MAC 地址，交换机在内部的高速缓存中创建 MAC 地址与端口的映射表。当交换机接收的数据帧的目的地址在该映射表中被查到，交换机便将该数据帧送往对应的端口。如果它查不到，便将该数据帧广播到该端口所属虚拟局域网（VLAN）的所有端口，如果有回应数据包，交换机便将在映射表中增加新的对应关系。当交换机初次加入网络中时，由于映射表是空的，所以，所有的数据帧将发往虚拟局域网内的全部端口直到交换机"学习"到各个 MAC 地址为止。最常见的交换机是以太网交换机。交换机工作于 OSI 参考模型的第二层，即数据链路层，外观如图 12-4 所示。

（4）网卡。

图 12-4　交换机

网卡又称网络适配器（Network Adapter）或网络接口卡（Network Interface Card），是一块被设计用来允许计算机在计算机网络上进行通信的计算机硬件。每块网卡拥有唯一的 48 位 MAC 地址，写在卡上 ROM 中，位于 OSI 模型的第一层和第二层之间。电气电子工程师协会（IEEE）负责为网络接口控制器（网卡）销售商分配唯一的 MAC 地址。网卡和局域网之间的通信一般通过 RJ-45 插头的双绞线（见图 12-5）以串行传输方式进行。网卡（见图 12-6 所示）以前是作为扩展卡插到计算机总线上的，但是由于其价格低廉而且以太网标准普遍存在，大部分计算机都在主板上集成了网络接口。PC 主板或主板芯片中集成了以太网卡功能，或是通过 PCI（或者更新的 PCI-Express 总线）插槽连接至主板。除非需要多接口或者使用其他种类的网络，否则不再需要一块独立的网卡，甚至更新的主板可能含有内置的双网络（以太网）接口。

图 12-5　双绞线

图 12-6　网卡

三、实训内容

1. 掌握 Windows 下常用的 cmd 命令及参数意义。

2. 了解计算机网络基础知识，熟练掌握查看本机局域网 IP 地址方法，并能对本机网络进行基本配置。

3. 掌握同一局域网内实现文件的共享的方法。

四、实训要求

（1）查看当前计算机在局域网中的 IP 地址和网关 IP 以及使用的 DNS 服务器。

（2）查看当前计算机网络所有通信端口状态。

（3）查看 www.sxau.edu.cn 域名所对应的 IP。

（4）修改本地计算机 IP 地址。

（5）局域网内实现文件的共享。

五、实训步骤

实训内容及要求（1）～（4）在 Windows 7、Windows 10 操作系统下操作步骤及方法完全相同。

实训内容及要求（5）本教程基于 Windows7 操作系统，Windows 10 操作系统下实现文件共享更为简易，通常可跳过图 12-17～图 12-21 所示步骤。

1. 查看网络信息

按【 +R】组合键打开"运行"对话框，输入 cmd，如图 12-7 所示，按【Enter】键；打开命令提示符窗口，如图 12-8 所示。

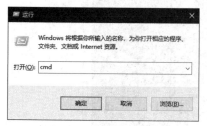

图 12-7 运行对话框

图 12-8 命令提示符窗口

（1）在命令提示符窗口内输入命令 ipconfig /all，如图 12-9 所示。

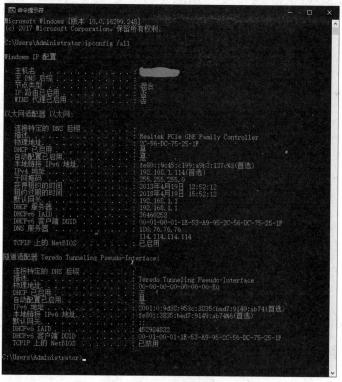

图 12-9 ipconfig 命令

图 12-9 所示的运行界面内"以太网适配器 以太网"部分"物理地址"即本机 MAC 地址，"IPv4 地址"即本机 IPv4 地址，"默认网关"即本机所在局域网的网关，"DNS 服务器"即本机所应答的 DNS 服务器。

（2）在命令提示符窗口内输入命令 netstat，如图 12-10 所示。

图 12-10 所示的运行界面内列出当前计算机所有内部地址与外部地址 TCP 协议通信使用的端口。如需查看当前计算机所有正在使用的 TCP/UDP 端口，可使用带参数命令 netstat -a。

（3）在命令提示符窗口内输入命令 nslookup www.sxau.edu.cn，如图 12-11 所示。

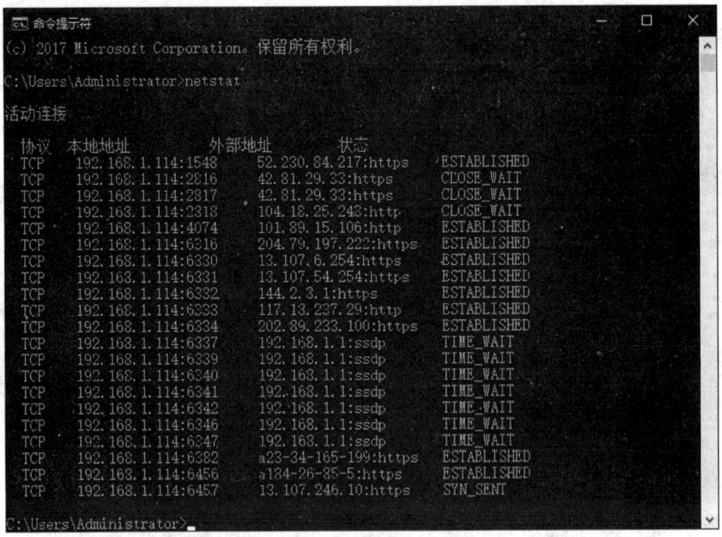

图 12-10　netstat 命令

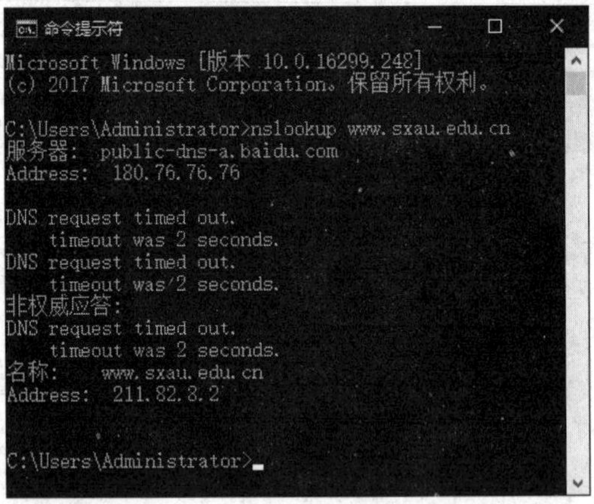

图 12-11　nslookup 命令

图 12-11 所示的运行界面内"服务器"、Address 项列出本次域名查询使用的是百度公共 DNS 服务器，其地址是 180.76.76.76。三次 DNS request time out timeout was 2 seconds 表示本次域名查询遇到三次超时，每次超时 2 秒，表明百度 DNS 在当前网络中并非最佳 DNS，可能造成网页打开缓慢，可以考虑更改本机 DNS 服务器，方法详见实训内容 4。"名称"和 Address 项列出本次查询的域名以及对应的 IP 结果。

注意：

不同地区不同 ISP 一般使用不同的子 DNS 服务器，一般不建议修改，使用 ISP 默认 DNS 服务器即可（设置为"自动获得 DNS 服务器地址"）。如读者想用其他 DNS，建议使用如下公共 DNS：

百度 DNS：180.76.76.76

阿里云 DNS：223.5.5.5

腾讯 DNS：119.29.29.29

114DNS：114.114.114.114

谷歌 DNS：8.8.8.8、8.8.4.4

Cloudflare DNS：1.1.1.1 等

我们可以使用 ping 命令来找出延迟最低丢包率最低的 DNS 作为本机 DNS，如图 12-12 所示。

图 12-12　ping 命令

图 12-12 中，时间表示本机到目标 IP 地址所用的时间，越短越好，数据包丢失率越低越好。

2．修改本地 IP

进入"控制面板"→"所有控制面板项"窗口，查看方式选择"小图标"，如图 12-13 所示。

图 12-13　所有控制面板项

单击"网络和共享中心"，打开"网络和共享中心"窗口，如图 12-14 所示。

单击"更改适配器设置"，在所需要修改 IP 的网络连接上右击，选择"属性"命令，打开"WLAN 属性"对话框，如图 12-15 所示。

图 12-14　网络和共享中心　　　　　　　　图 12-15　网络属性

单击"Internet 协议版本 4（TCP/IPv4）"，然后单击"属性"按钮，或在"Internet 协议版本 4（TCP/IPv4）"文字上双击，打开"Internet 协议版本 4（TCP/IPv4）属性"对话框，如图 12-16 所示。

默认情况下，网络连接使用"自动获得 IP 地址"，如果想设置成指定 IP，选择"使用下面的 IP 地址"单选按钮，指定的 IP 必须在交换机允许的范围内，并且和网关处于同一子网内。通常情况下子网掩码无须计算，单击子网掩码框会自动生成。默认网关地址由 ipconfig 可查得或咨询网络管理员。DNS 建议使用自动获取，如需自定义可选择"使用下面的 DNS 服务器地址"单选按钮，填入指定的 DNS 地址。单击"确定"按钮保存，如此时弹出 IP 冲突警示框，则需按上述方法重新设置 IP 地址，直至成功，单击"确定"按钮保存生效。

3. 局域网内实现文件的共享

Windows 7 操作系统共享互访需要设置图 12-17 ~ 图 12-21 所示步骤；Windows 10 操作系统共享互访从图 12-22 所示步骤开始即可；如需 Windows 7/10 互访共享文件，Windows 7 执行以下完整步骤，Windows 10 则从图 12-19 所示步骤开始。

（1）进入"控制面板"的"网络和共享中心"，查看活动网络，如"家庭网络""公用网络"等，如图 12-17 所示。

如果是家庭网络，需将家庭网络修改为公共网络，单击"家庭网络"，打开图 12-18 所示"设置网络位置"对话框，选择"公用网络"。

（2）单击图 12-17 中"更改高级共享设置"，选择"公用（当前配置文件）"，选择以下选项：启用网络发现，启用文件和打印机共享，启用共享以便可以访问网络的用户可以读取和写入公用文件夹中的文件（可以不选），关闭密码保护共享，其他选项默认即可，如图 12-19 ~ 图 12-21 所示。

图 12-16　IPv4 属性

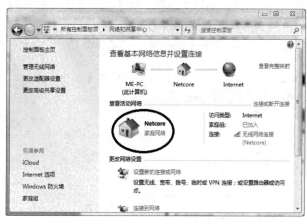

图 12-17　网络和控制中心

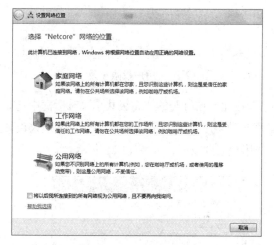

图 12-18　网络位置

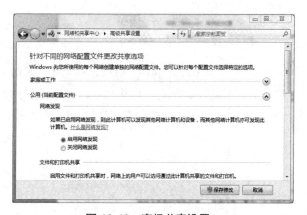

图 12-19　高级共享设置一

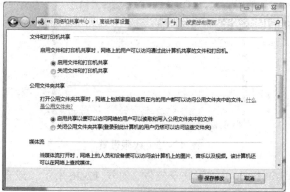

图 12-20　高级共享设置二

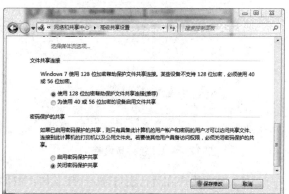

图 12-21　高级共享设置三

可根据用户安全需求将 Windows 共享密码保护开启 / 关闭，保存修改即可，如图 12-21 所示。

在 D 盘新建文件夹 Download，将 Office 作业全部放入文件夹内，然后右击文件夹并选择"属性"命令，在打开的对话框中选择"共享"选项卡，如图 12-22 所示。

（3）单击"共享"按钮打开"文件共享"对话框，如图 12-23 所示，单击"添加"按钮添加 Guest 用户（注：选择 Guest 是为了降低权限，以方便于所有用户都能访问），单击"共享"按钮。

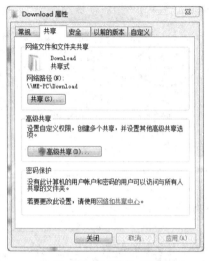

图 12-22　"共享"选项卡

图 12-23　用户权限设置

（4）在"Download 属性"对话框中单击"高级共享"按钮，在打开的"高级共享"对话框中选择"共享此文件夹"复选框，如图 12-24 所示，同时共享用户数可根据实际需求进行调整，不建议设置过大值，单击"权限"按钮，在打开的对话框中设置来访用户只读权限，如图 12-25 所示。

图 12-24　高级共享设置

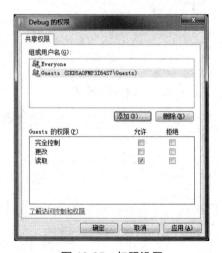

图 12-25　权限设置

（5）其他用户在运行窗口输入 \\IP（如：\\192.168.1.100）访问共享文件，如图 12-26 所示，或直接通过网上邻居查看共享文件。

图 12-26　访问共享文件

至此，共享成功。

六、实训延伸

1. IP 地址类型

（1）公有地址。

公有地址（Public address）由 Inter NIC（Internet Network Information Center，因特网信息中心）负责。这些 IP 地址分配给注册并向 Inter NIC 提出申请的组织机构，用户申请使用公网 IP 需要缴纳一定的费用，通过它直接访问因特网。

（2）私有地址。

私有地址（Private address）属于非注册地址免费使用，常用于以太网（即使用 TCP/IP 协议的局域网）内。私有 IP 无法直接被互联网所访问，同时节省了 IP 地址资源，因此，相对于公网 IP 地址，它相对更加安全。

① IPv4 的私有地址网络段：

A 类 10.0.0.0 ～ 10.255.255.255；

B 类 172.16.0.0 ～ 172.31.255.255；

C 类 192.168.0.0 ～ 192.168.255.255。

② IPv6 的私有地址网络段：

唯一本地地址（FC00::/7）：是本地全局的，它应用于本地通信，但不通过 Internet 路由，将其范围限制为组织的边界。由于 IPv6 没有 A 类、B 类和 C 类的划分，因此所有私有 IP 地址都是以前缀 FEC0::/10 开头的，这个前缀可以给予内部网络所有节点和网络设备，同样这个 IPv6 私有地址不能在互联网上路由。

站点本地地址（FEC0::/10）：新标准中已被唯一本地地址代替。

链路本地地址（FE80::/10）：仅用于单个链路（链路层不能跨 VLAN），不能在不同子网中路由。结点使用链路本地地址与同一个链路上的相邻结点进行通信。例如，在没有路由器的单链路 IPv6 网络上，主机使用链路本地地址与该链路上的其他主机进行通信。

2. IPv4 地址分类

IPv4 地址是一组 32 位的二进制数，通常被分割为 4 个"8 位二进制数"（即 4 字节）。IPv4 地址通常用"点分十进制"表示成（a.b.c.d）的形式，其中，a、b、c、d 都是 0 ～ 255 之间的十进制整数。

IP 地址编址方案：IPv4 地址编址方案将 IP 地址空间划分为 A、B、C、D、E 五类，其中 A、B、C 是基本类，D、E 类作为多播和保留使用，以适合不同容量的网络。互联网络设计之初，为了层次化构造网络以及便于寻址，每个 IP 地址包括两个标识码（ID），即网络 ID 和主机 ID。同一个物理网络上的所有主机都使用同一个网络 ID，网络上的一个主机（包括网络上工作站、服务器和路由器等）有一个主机 ID 与其对应。

其中 A、B、C 三类（见表 12-1）地址由 Internet NIC 在全球范围内统一分配，D、E 类为特殊地址。

表 12-1　IP 地址分类

类别	最大网络数	IP 地址范围	最大主机数	私有 IP 地址范围
A	126（2^7-2）	0.0.0.0 ～ 127.255.255.255	16 777 214	10.0.0.0 ～ 10.255.255.255
B	16 384(2^{14})	128.0.0.0 ～ 191.255.255.255	65 534	172.16.0.0 ～ 172.31.255.255
C	2 097 152(2^{21})	192.0.0.0 ～ 223.255.255.255	254	192.168.0.0 ～ 192.168.255.255

（1）A 类 IP 地址。

A 类 IP 地址是指在 IP 地址的四段号码中，第一段号码为网络号码，剩下的三段号码为本地计算机的号码。如果用二进制表示 IP 地址，A 类地址由 1 字节的网络地址和 3 字节的主机地址组成，网络地址最高位必须为 0。A 类地址中网络标识长度为 8 位，主机标识的长度为 24 位，A 类网络地址数量较少，有 126 个网络，每个网络可以容纳主机数可达 1 600 多万台。A 类地址一般用于国家级网络。

A 类 IP 地址范围为 1.0.0.0 ～ 127.255.255.255（二进制表示为：00000001.00000000.00000000.00000000 ～ 01111110.11111111.11111111.11111111），最后一个是广播地址。

A 类 IP 地址的子网掩码为 255.0.0.0，每个网络支持的最大主机数为 16 777 214 台。

（2）B 类 IP 地址。

B 类 IP 地址是指在 IP 地址的四段号码中，前两段号码为网络号码。如用二进制表示 IP 地址，则 B 类 IP 地址由 2 字节的网络地址和 2 字节主机地址组成，网络地址的最高位必须为 10。B 类 IP 地址中网络的标识长度为 16 位，主机标识长度为 16 位，B 类网络地址适用于中等规模的网络，有 16 384 个网络，每个网络所能容纳的计算机数为 6 万多台。

B 类地址范围为 128.0.0.0 ～ 191.255.255.255（二进制表示为：10000000 00000000 00000000 00000000 ～ 10111111 11111111 11111111 11111111），最后一个是广播地址。

B 类地址的子网掩码为 255.255.0.0，每个网络支持的最大主机数为 65 534 台。

（3）C 类 IP 地址。

C 类地址是指在 IP 地址的四段号码中，前三段号码为网络号码，剩下的一段号码为本地计算机的号码。如果用二进制表示 IP 地址的话，C 类 IP 地址就由 3 字节的网络地址和 1 字节主机地址组成，网络地址的最高位必须是 110。C 类地址中网络的标识长度为 24 位，主机标识的长度为 8 位，C 类网络地址数量较多，有 209 万余个网络。适用于小规模的局域网络，每个网络最多只能包含 254 台计算机。

C 类 IP 地址范围为 192.0.0.0 ～ 223.255.255.255（二进制表示为：11000000.00000000.00000000.00000000 ～ 11011111.11111111.11111111.11111111）。

C 类 IP 地址的子网掩码为 255.255.255.0，每个网络支持的最大主机数为 254 台。

（4）特殊 IP 地址。

① D 类 IP 地址也称多播地址（Multicast Address），即组播地址。在以太网中，多播地址命名了一组应该在这个网络中应用接收到一个分组的站点。多播地址的最高位必须是 1110，范围从 224.0.0.0 ～ 239.255.255.255。

② IP 地址中的所有字节都为 0 的地址（0.0.0.0）对应于当前主机。IP 地址中的所有字节都为 1 的 IP 地址（255.255.25.255）为当前子网的广播地址。网络 ID 的第一个 8 位组不能全为 0，全 0 表示本地网络。

③ IP 地址中凡以 11110 开头的 E 类 IP 地址都保留用于将来和实验使用。

④ IP 地址不能以十进制 127 作为开头，该类地址中数字 127.0.0.1 ～ 127.255.255.255 用于回路测试，如：127.0.0.1 这个地址通常分配给 loopback 接口。loopback 是一个特殊的网络接口（可理解成虚拟网卡），用于本机中各个应用之间的网络交互。只要操作系统的网络组件是正常的，loopback 就能工作。

3. IPv6 地址

由于 IPv4 最大的问题在于网络地址资源有限，严重制约了互联网的应用和发展。IPv6 的使用不仅能解决网络地址资源数量的问题，而且也解决了物联网多种接入设备连入互联网的障碍。

IPv6 是 IETF（Internet Engineering Task Force，互联网工程任务组）设计的用于替代现行版本 IPv4 协议的下一代 IP 协议，号称可为全世界的每一粒沙子分配一个地址。为加快推动我国 IPv6 从"通路"走向"通车"，从"能用"走向"好用"，工业和信息化部联合中央网信办 2021 年 7 月 8 日发布《IPv6 流量提升三年专项行动计划（2021—2023 年）》。

IPv6 的地址长度为 16 位 ×8 组 =128 位二进制，为 IPv4 地址长度的 4 倍。IPv4 点分十进制格式不再适用，故采用十六进制表示。IPv6 地址不再像 IPv4 一样分类。

IPv6 有三种表示方法：

① 冒分十六进制表示法。格式为 X:X:X:X:X:X:X:X，其中每组 X 表示地址中的 16 位，以十六进制表示，例如：

ABCD:EF01:2345:6789:ABCD:EF01:2345:6789

此表示法中，每 X 组的前导 0 可省略，例如：

2001:0DB8:0000:0023:0008:0800:200C:417A 可简化为 2001:DB8:0:23:8:800:200C:417A

② 0 位压缩表示法。某些 IPv6 地址中间可能包含很长一段 0，可把连续的一段 0 压缩为"::"。但为保证地址解析的唯一性，地址中"::"只能出现一次，例如：

FF01:0:0:0:0:0:0:1101 → FF01::1101

0:0:0:0:0:0:0:1 → ::1

0:0:0:0:0:0:0:0 → ::

③ 内嵌 IPv4 地址表示法。为了实现 IPv4 与 IPv6 互通，IPv4 地址会嵌入 IPv6 地址中，此时地址常表示为：X:X:X:X:X:X:d.d.d.d，前 96 位（二进制）采用冒分十六进制表示，而最后 32 位（二进制）地址则使用 IPv4 的点分十进制表示，例如 ::192.168.0.1 与 ::FFFF:192.168.0.1，注意在前 96 位中，0 位压缩的方法依旧适用。

通过浏览器访问 https://test-ipv6.com，浏览器会试图连接一系列 URL，结果成功与否能说明系统是否已准备好迎接 IPv6。图 12-27 和图 12-28 表示此计算机已成功接入 IPv6 网络。

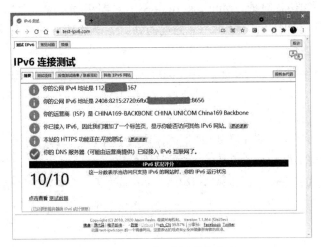

图 12-27　IPv6 测试 1

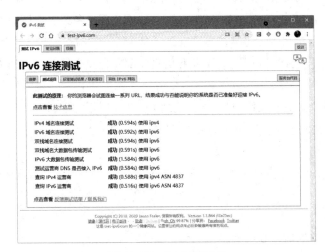

图 12-28　IPv6 测试 2

【习题】

一、选择题

实训十二习题
参考答案

1. 下列 IP 地址错误的是（　　　）。

A. 62.26.1.2　　　　B. 78.1.0.0　　　　C. 202.119.24.5　　　　D. 223.268.129.1

2. 调制解调器具有将被传输信号转换成适合远距离传输的调制信号及对接收到的调制信号转换为被传输的原始信号的功能。下面（　　　）是它的英文缩写。

A. ATM　　　　B. MUX　　　　C. CODEC　　　　D. Modem

3. 调制解调器（Modem）的作用是（　　　）。

A. 将模拟信号转换成计算机的数字信号

B．为了上网与接电话两不误

C．将计算机的数字信号转换成模拟信号

D．将计算机数字信号与模拟信号互相转换

4．通常网络适配器就是一块插件板，插入 PC 的扩展槽中，所以又称（　　　）。

    A．网络接口板或网卡　　　　　　　　B．调制解调器

    C．网点　　　　　　　　　　　　　　　D．网桥

5．Internet 网属于一种（　　　）。

    A．局域网　　　　B．城域网　　　　C．广域网　　　　D．以太网

6．所有与 Internet 相连接的计算机必须遵守的一个共同协议是（　　　）。

    A．IPX　　　　　B．TCP/IP　　　　C．HTTP　　　　D．IEEE 802.11

7．以太网使用的协议是（　　　）。

    A．IPX　　　　　B．TCP/IP　　　　C．HTTP　　　　D．IEEE 802.11

8．路由器工作在 OSI 参考模型的（　　　）。

    A．应用层　　　　B．传输层　　　　C．数据链路层　　　　D．网络层

9．家庭无线路由器可以起（　　　）作用。

    A．网关　　　　　B．网桥　　　　C．交换机　　　　D．以上都有

10．交换机工作在 OSI 参考模型的（　　　）。

    A．物理层　　　　B．传输层　　　　C．数据链路层　　　　D．网络层

11．网卡工作在 OSI 参考模型的（　　　）。

    A．物理层　　　　B．传输层　　　　C．数据链路层　　　　D．网络层

12．IPv4 地址是一个（　　　）位的二进制数。

    A．8　　　　　　B．16　　　　　　C．32　　　　　　D．64

13．要查看当前计算机正在使用的端口，可使用命令（　　　）。

    A．ipconfig　　　B．ping　　　　　C．netstat　　　　D．nslookup

14．要查看当前计算机的 IP 地址，可使用命令（　　　）。

    A．ipconfig　　　B．ping　　　　　C．netstat　　　　D．nslookup

15．要查看当前计算机的物理地址，可使用命令（　　　）。

    A．ipconfig　　　B．ping　　　　　C．netstat　　　　D．nslookup

16．以下 IP 地址不可以用于以太网内的是（　　　）。

    A．123.115.8.6　　B．192.168.0.5　　C．172.16.16.8　　D．10.10.100.25

17．以下 IP 地址不面向公众的是（　　　）。

    A．A 类　　　　　B．B 类　　　　　C．C 类　　　　　D．E 类

18．万物互联的物联网时代，使用（　　　）是最佳方案。

    A．A 类地址　　　B．D 类地址　　　C．E 类地址　　　D．IPv6 地址

19．IPv6 地址是一个（　　　）位的二进制数。

    A．32　　　　　　B．64　　　　　　C．128　　　　　　D．256

20. 计算机要通过网线连入以太网，本地计算机必须具有的网络设备是（   ）。

    A. 路由器　　　　　B. 交换机　　　　　C. 调制解调器　　　D. 网卡

21. 下列服务器中，（   ）用于接收电子邮件。

    A. POP3　　　　　B. SMTP　　　　　C. WWW 服务　　　D. DNS

22. 计算机网络的最突出的优点是（   ）。

    A. 运算精度高　　　B. 软硬件资源共享　C. 运算速度快　　　D. 存储容量大

23. 下列不是计算机网络按拓扑结构分类的是（   ）。

    A. 总线　　　　　　B. 星状　　　　　　C. 树状　　　　　　D. 广域网

24. 将异构的计算机网络进行互连常通使用的网络互连设备是（   ）。

    A. 网桥　　　　　　B. 交换机　　　　　C. 集线器　　　　　D. 路由器

25. 下列 IPv6 地址错误的是（   ）。

    A. FE80::1　　　　　　　　　　　　B. 0:0:0:0:0:0:0:1

    C. ::　　　　　　　　　　　　　　　D. FF01::1101::1

二、操作题

1. 查看用户当前计算机在局域网中的 IP 地址、网关 IP 及所使用的 DNS 服务器地址，并查看此计算机当前所有通信的 TCP、UDP 端口。在 C 盘下创建 exam 文件夹，在此文件夹内创建文本文档 IP.txt，将查询到的本机 IP 地址写入 IP.txt 并保存。

2. 查看 www.sxau.edu.cn 域名所对应的 IP。

3. 使用 ping 命令查看网关 IP 是否畅通。

4. 如当前计算机 IP 为 DHCP 自动获取，则将当前所使用的 IP 更改为手动，IP 地址前三组同习题 1 查询到的网关地址前三组，最后一组为座位号。DNS 使用 211.82.8.5。如当前计算机 IP 为手动，则将其改为自动获取。

5. 将本地 D:\download 文件夹在局域网内实现共享，要求最大访问数不超过 20，且只读权限。

参 考 文 献

[1] 黄林国 . 计算机网络基础：微课版 [M]. 北京：清华大学出版社，2021.

[2] 韩立刚 . 深入浅出计算机网络 [M]. 北京：人民邮电出版社，2021.

[3] 福克纳，查韦斯 . Adobe Photoshop CC 2019 经典教程 [M]. 董俊霞，译 . 北京：人民邮电出版社，
2019.

[4] 王炜丽，陈英杰 . Photoshop CC 2019 实战从入门到精通 [M]. 北京：人民邮电出版社，2019.

[5] 朱淑鑫，徐焕良 . 大学信息技术基础实验 [M]. 北京：中国农业出版社，2019.

[6] 孙芳 . 中文版 Premiere Pro 视频编辑剪辑设计与制作全视频实战 228 例 [M]. 北京：清华大学出
版社，2019.

[7] 张诺，刘剑云 . Photoshop CC 完全实例教程 [M]. 北京：清华大学出版社，2018.

[8] 邢帅教育 . Photoshop CC 2018 完全自学教程 [M]. 北京：清华大学出版社，2018.

[9] 史创明，秦雪 . Adobe Audition 音频编辑案例教学经典教程 [M]. 北京：清华大学出版社，2018.

[10] 芦扬 . Access 2016 数据库应用基础教程 [M]. 北京：清华大学出版社，2018.

[11] 黄锋华 . 大学计算机基础实训教程 [M]. 北京：中国铁道出版社，2018.

[12] 孙晓南 . PowerPoint 2016 精美幻灯片制作 [M]. 北京：电子工业出版社，2017.

[13] 朱维，付营 . Excel 2016 从入门到精通 [M]. 北京：电子工业出版社，2016.

[14] 恒盛杰资讯 . Word/Excel 2016 从入门到精通 [M]. 北京：机械工业出版社，2016.

[15] 刘志成 . 大学计算机基础：微课版 [M]. 北京：人民邮电出版社，2016.

[16] 吕咏，葛春雷 . Visio 2016 图形设计从新手到高手 [M]. 北京：清华大学出版社，2016.

[17] 杨怀卿 . 大学计算机实验基础 [M]. 北京：中国铁道出版社，2014.

[18] 贾宗福 . 新编大学计算机基础教程 [M]. 3 版 . 北京：中国农业出版社，2014.

[19] 张青 . 大学计算机基础实训教程 [M]. 西安：西安交通大学出版社，2014.

[20] 王珊，萨师煊 . 数据库系统概论 [M]. 5 版 . 北京：高等教育出版社，2014.